DK 621.9.016/084
621.9.23/41.1

FORSCHUNGSBERICHTE
DES LANDES NORDRHEIN-WESTFALEN

Herausgegeben durch das Kultusministerium

Nr. 777

Prof. Dr.-Ing. Herwart Opitz
Dipl.-Ing. Paul-Heinz Brammertz

Laboratorium für Werkzeugmaschinen und Betriebslehre
an der Technischen Hochschule Aachen

Werkstückgüte und Fertigungskosten beim
Innen-Feindrehen und Außenrund-Einstechschleifen

Als Manuskript gedruckt

WESTDEUTSCHER VERLAG / KÖLN UND OPLADEN

1959

ISBN 978-3-663-04139-9   ISBN 978-3-663-05585-3 (eBook)
DOI 10.1007/978-3-663-05585-3

Gliederung

1. Einleitung .... S. 5
   1.1 Die Feinbearbeitung in der Fertigung .... S. 5
   1.2 Anforderungen an feinbearbeitete Werkstücke .... S. 6
      1.21 Bedeutung der Formfehler an feinbearbeiteten Werkstücken .... S. 6
      1.22 Definition der Form- und Lagefehler .... S. 8
      1.23 Ermittlung der Formfehler .... S. 12
      1.24 Formfehler und Funktionstüchtigkeit der Werkstücke .... S. 17
   1.3 Aufgabenstellung .... S. 20
2. Innen-Feindrehen .... S. 21
   2.1 Begriffsbestimmung des Verfahrens .... S. 21
   2.2 Gestaltung des Drehwerkzeuges .... S. 23
   2.3 Form, Maß und Oberflächengüte beim Innen-Feindrehen .... S. 27
      2.31 Einfluß der Zerspanbedingungen auf die Oberflächengüte .... S. 27
      2.32 Einfluß der Zerspanbedingungen auf die Maßgenauigkeit .... S. 31
      2.33 Ursachen der Formfehler beim Innen-Feindrehen ... S. 37
         2.331 Der Zylindrizitätsfehler .... S. 37
         2.332 Der Kreisformfehler .... S. 48
   2.4 Fertigungskosten beim Innen-Feindrehen .... S. 50
3. Außenrund-Einstechschleifen .... S. 55
   3.1 Allgemeine Begriffsbestimmung für das Schleifen .... S. 55
   3.2 Oberflächengüte, Form- und Maßgenauigkeit beim Einstechschleifen .... S. 57
      3.21 Einfluß der Zerspanbedingungen auf die Oberflächenrauheit beim Einstechschleifen .... S. 61
      3.22 Formfehler beim Einstechschleifen .... S. 62
         3.221 Der Zylindrizitätsfehler .... S. 62
         3.222 Der Kreisformfehler .... S. 67
      3.23 Maßgenauigkeit beim Einstechschleifen .... S. 70
   3.3 Fertigungskosten beim Einstechschleifen .... S. 74

4. Vergleich der Verfahren Feindrehen, Längsschleifen und Einstechschleifen .... S. 78

5. Zusammenfassung und Weiterführung der Versuche für den Wirtschaftlichkeitsvergleich der Feinbearbeitungsverfahren .... S. 85

   Literaturverzeichnis .... S. 88

1. Einleitung

1.1 Die Feinbearbeitung in der Fertigung

In den letzten Jahren hat sich bekanntlich die Anwendung zahlreicher Feinbearbeitungsverfahren in vielen Zweigen des modernen Maschinenbaues vollständig durchgesetzt. Vor allem für die Serien- und Massenfertigung ist die Feinbearbeitung von besonderer Bedeutung. Dies ist darauf zurückzuführen, daß allgemein die Ansprüche hinsichtlich der Werkstückgüte gestiegen sind. Damit werden selbstverständlich auch höhere Anforderungen an die Fertigungsverfahren gestellt. Aus den herkömmlichen klassischen Bearbeitungsverfahren, wie z.B. das Drehen oder Schleifen, entwickelten sich die Feinbearbeitungsverfahren.

Für sehr viele Bearbeitungsfälle stellt das jeweils eingesetzte Feinbearbeitungsverfahren die endgültige Bearbeitungsmethode dar. Werden aber an Werkstücke besonders hohe Anforderungen hinsichtlich des Endergebnisses bei der Fertigbearbeitung gestellt, so können bestimmte Feinbearbeitungsverfahren die Rolle einer Zwischenbearbeitung übernehmen, wobei die Werkstückqualität von Verfahren zu Verfahren verbessert wird, beispielsweise in der Reihenfolge Feindrehen, Feinschleifen und anschließend Läppen oder Feinhonen. Hierbei kann eine sehr hohe Werkstückqualität erzielt werden, wobei sich gerade die Anwendung mehrerer Verfahren nacheinander besonders wirtschaftlich gestalten läßt und die Gesamtfertigungskosten relativ gering gehalten werden können, wie SCHULER an Hand von Versuchsergebnissen für das Feinschleifen und Feinhonen sehr anschaulich nachweisen konnte [24].

Welche Anforderungen sowohl an feinbearbeitete Werkstücke als auch an die Feinbearbeitungsverfahren gestellt werden, geht aus der Definition des Begriffes "Feinbearbeitung" hervor, die vom Ausschuß "Feinbearbeitung" der VDI-Fachgruppe Betriebstechnik (ADB) erarbeitet und in folgender Form vorgeschlagen wurde:

> Unter den Begriff "Feinbearbeitung" fallen alle formgebenden Fertigungsverfahren, deren Ergebnis eine Verbesserung von Form, Maß, Oberflächenrauhigkeit und Lage ist, wobei die Maßgenauigkeit der ISA-Qualität 7 oder feiner entspricht. Die Form- und Lageabweichungen sowie die Oberflächenrauheit müssen, der jeweiligen ISA-Qualität entsprechend, sinngemäß eingeschränkt werden. Verfahren, bei denen nur eine oder mehrere dieser Bedingungen erfüllt werden, sind gleich-

falls als Feinbearbeitungsverfahren anzusprechen, sofern durch die Vorbearbeitung im Endergebnis die restlichen Bedingungen erfüllt sind.

Hinsichtlich einer sinnvollen Einschränkung von Form- und Lageabweichungen sowie der Oberflächenrauheit besteht bis heute leider noch keine Zuordnung zum ISA-Toleranzsystem, obwohl Prof. SCHMALTZ bereits vor mehr als 25 Jahren darauf hingewiesen hat, wie notwendig eine derartige Zuordnung für die Fertigung ist [20]. Er hat hierfür einen Weg gewiesen, der von MOLL aufgegriffen und zu einem Zuordnungsvorschlag der Rauhtiefe zu den ISA-Qualitäten ausgearbeitet wurde [11]. Es ist deshalb zu begrüßen, daß seitens des Wirtschaftsministeriums die erforderlichen Untersuchungen unterstützt werden, und man sollte keine Kosten scheuen, um die vorliegenden Vorschläge bezüglich Formhaltigkeit und Oberflächengüte zu einer bindenden Normung auszuarbeiten, da hierdurch mit Sicherheit wesentliche Ersparnisse in der Industrie erreicht werden können. Das gilt sowohl für die Planung und Konstruktion von Maschinenteilen hoher Qualität als auch für die Herstellung derartiger Werkstücke in der Fertigung.

Zur Zeit werden Untersuchungen in der Industrie durchgeführt, um zu erforschen, ob überhaupt eine Beziehung dieser Größen zur ISA-Qualität besteht. Bis zu einer endgültigen Festlegung soll als Kennzeichen für die Feinbearbeitung gelten: Form- und Lageabweichungen maximal 30 % der ISA-Qualität 7, zulässige Oberflächenrauhtiefe maximal 40 % der ISA-Qualität 7.

1.2 Anforderungen an feinbearbeitete Werkstücke

1.21 Bedeutung der Formfehler an feinbearbeiteten Werkstücken

Nach der oben angeführten Definition beurteilt man feinbearbeitete Werkstücke danach, ob an ihnen die vier geometrischen Toleranzen von Form, Maß, Oberflächenrauheit und Lage eingehalten sind. Die vier geometrischen Toleranzen sind in Abbildung 1 nach KIENZLE schematisch dargestellt [7].

Die Funktionstüchtigkeit von Werkstücken hängt in erster Linie von der erzielten Form- und Maßgenauigkeit sowie von der Oberflächengüte ab. Von diesen Qualitätsbegriffen rückt vor allem die Formgenauigkeit immer mehr in den Mittelpunkt des Interesses, da unbeabsichtigte Formfehler unzulässiger Größe die Funktionsfähigkeit der Maschinenteile erheblich beeinträchtigen können. Dies gilt sowohl für Formfehler, die sich auf die geometrische Idealgestalt von Mantellinien in Längsrichtung an Zylinder- und Kegelflächen usw. beziehen, als auch für den sogenannten Kreisformfehler, der an Mantellinien ermittelt wird, die in sich geschlossen sind und im Idealfall bei rotationssymmetrischen Werkstücken einen Kreis bilden.

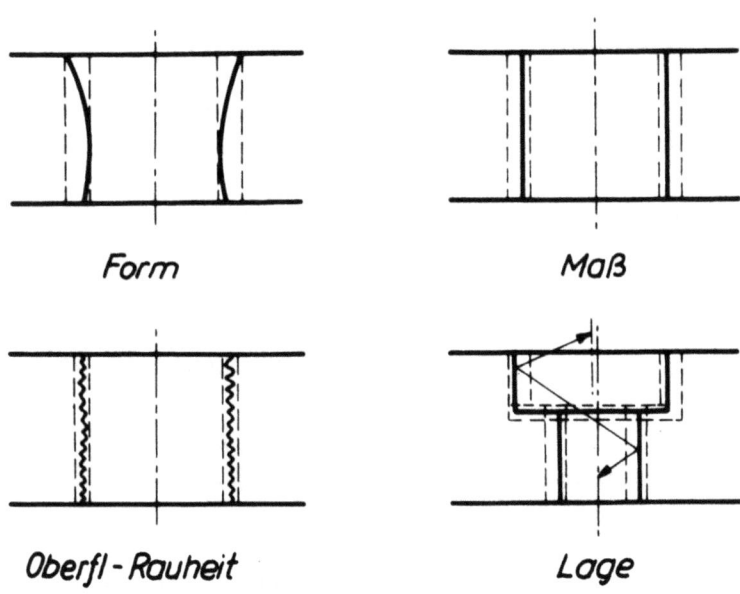

A b b i l d u n g   1
Die vier geometrischen Toleranzen am Werkstück (nach KIENZLE)

Bei der Vielzahl der heute zur Verfügung stehenden Fertigungsverfahren (Abbildung 2 zeigt eine tabellarische Gliederung derjenigen abtragenden Fertigungsverfahren, die sich zur Feinbearbeitung eignen) ergeben sich bei der Herstellung von Werkstücken hoher Qualität hinsichtlich Maßtreue und geringer Oberflächenrauhigkeit in den meisten Fällen praktisch keine besonderen Schwierigkeiten, da diese beiden Forderungen durch die Wahl geeigneter Bearbeitungsverfahren und Zerspanbedingungen in weiten Grenzen beeinflußt und erfüllt werden können. Ganz anders dagegen verhält es sich mit der Form- und Lagegenauigkeit. Derartige Fehler sind in erster Linie maschinenbedingt und können deshalb auch durch Änderung der Zerspanbedingungen nicht beseitigt oder verringert werden. Abgesehen davon, daß es meßtechnisch sehr schwierig ist, Form- und Lagefehler zu erfassen, wurde der Einfluß der Bearbeitungsbedingungen und der verwendeten Werkzeugmaschine auf Form- und Lagefehler bisher noch kaum untersucht [22]. Dies mag darauf zurückzuführen sein, daß es bis heute nur sehr wenige brauchbare Meßgeräte gibt, mit denen man diese Fehler ermitteln kann. Zum anderen sind die hierzu erforderlichen Untersuchungen sehr zeitraubend und wegen der hohen Herstellungskosten der notwendigen Meßgeräte mit großem finanziellen Aufwand verbunden.

Abtragende Fertigungsverfahren der Feinbearbeitung			
Spanen			sonstiges Abtragen
Schneidenform geometrisch bestimmt: Werkzeugschneide		Schneidenform geometrisch unbestimmt: Schneidkorn	
Drehen	Bohren	Schleifen Läppen	Elektroerodieren
Hobeln	Fräsen	Polierschl. Strahlläppen	Funkenerodieren
Stoßen	Räumen	Honen Tauchläppen	Elysieren
Schaben	Feilen	Feinhonen Schwingläppen	Polierelysieren
		Polierläppen	Polierätzen

A b b i l d u n g   2

Gliederung der abtragenden Fertigungsverfahren, die sich zur Feinbearbeitung eignen

1.22 Definition der Form- und Lagefehler

Auf die Begriffe Maßgenauigkeit und Oberflächengüte sowie ihre meßtechnische Ermittlung soll im Rahmen dieser Ausführungen nicht näher eingegangen werden. Hingegen sollen Form- und Lagegenauigkeit sowie ihre Ermittlung noch näher betrachtet werden.

Die Formgenauigkeit ist durch die Größe der Formabweichungen gegeben. Hierunter versteht man Abweichungen von der geometrischen Idealgestalt eines Körpers. Die Formtoleranzen beziehen sich stets auf eine einzige geometrische Fläche, z.B. auf Ebene, Zylinder-, Kegel-, Kugel-, Schrauben-, Evolventenfläche. Die Formtoleranzen sind demnach zulässige Unterschiede zwischen den Formabmaßen.

Betrachtet man beispielsweise den idealgeometrischen Kreiszylinder, so unterscheidet man grundsätzlich zwischen folgenden beiden Formfehlern, dem Zylindrizitätsfehler und dem Kreisformfehler. In Abbildung 3 sind einige Formfehler, die häufig an zylindrischen Werkstücken auftreten, wiedergegeben. Unter dem Zylindrizitätsfehler an zylindrischen Werkstücken versteht man die Durchmesserdifferenz zwischen dem kleinsten umbeschriebenen Zylinder mit dem Durchmesser D und dem größten einbeschriebenen Zylinder mit dem Durchmesser d. Die hier aufgezeigten Formen treten selten allein auf, meist sind sie an den Werkstücken überlagert zu finden. So überlagern sich beispielsweise beim Feindrehen im Trockenschnitt die kegelige und hohle Form [15]. Abbildung 4 zeigt schematisch die Ermittlung des Kreisformfehlers, der sich aus der Differenz zwischen dem größten einbeschriebenen und dem kleinsten umbeschriebenen Kreis bestimmen läßt. Diese beiden Kreise müssen dabei zwar den gleichen Mittelpunkt aufweisen, doch braucht dieser nicht mit dem Mittelpunkt des Werkstückes übereinzustimmen. Dies bedeutet gleichzeitig, daß ein Werkstück mit einem Kreisform- oder auch Rundheitsfehler von 0 µ zwar absolut genau rund ist, aber dennoch einen Rundlauffehler aufweisen kann, wie Abbildung 5 zeigt.

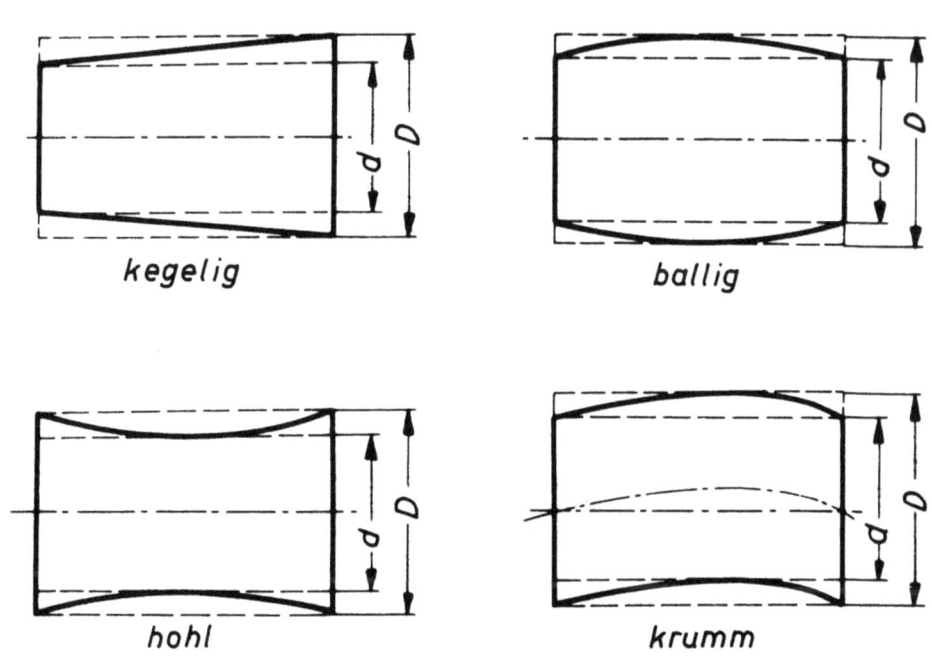

A b b i l d u n g 3

Häufig auftretende Formfehler an zylindrischen Werkstücken

Gesamtzylindrizitätsfehler c = D - d

Hier ist der größte Rundlauffehler gleich der doppelten Exzentrizität der Kreiszylinderachse von der wirklichen Werkstückachse, um die das Werkstück gedreht wird. Rundheitsfehler und Rundlauffehler sind streng voneinander zu trennen! Der Rundlauffehler ergibt sich für dieses Beispiel aus einem Lagefehler, der hier dadurch verursacht wird, daß die Drehachse nicht mit der Kreiszylinderachse zusammenfällt.

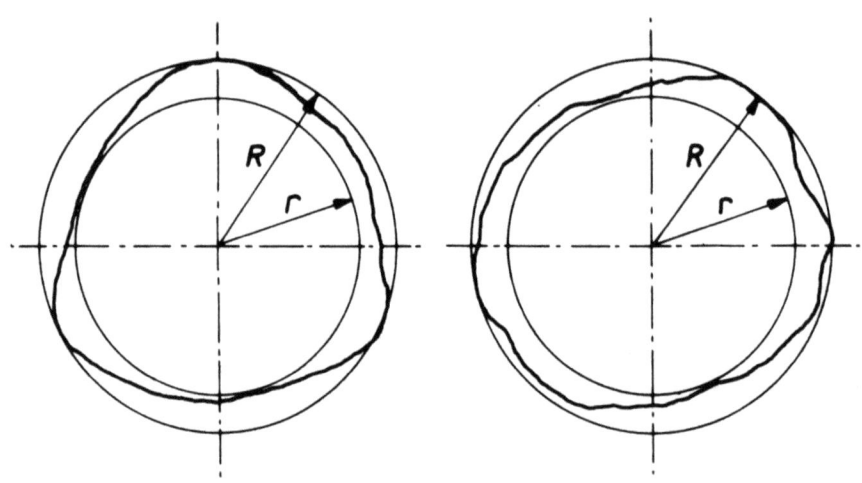

Abbildung 4
Schemabild zur Ermittlung des Kreisformfehlers:
$$k_{max} = R - r$$

Lagefehler beziehen sich demnach auf die gegenseitige Lage von Flächen und Achsen zueinander. Lagetoleranzen wendet man beispielsweise an auf mangelnde Parallelität von Ebenen; Nichtfluchten von Achsen, die entweder gegenseitig versetzt sind oder sich schneiden oder sogar windschief zueinander verlaufen; weiterhin auf Abweichungen vom Sollwinkel zwischen zwei Ebenen usw. [7].

Die Ursache für den Rundlauffehler ist nicht immer ohne weiteres zu erkennen, wie an folgendem Beispiel gezeigt werden soll. Abbildung 6a zeigt eine Welle mit einem angedrehten Zapfen, der zwar rund ist, aber in bezug auf die Achse der Welle achsparallel versetzt liegt. Dreht man die Welle um ihre Hauptachse, so zeigt sich ein Rundlauffehler, der als Ursache eines Lagefehlers anzusehen ist. Für den Fall in Abbildung 6b liegt der Zapfen mittig zum Hauptzylinder, aber er ist unrund. Wird diese Welle um ihre Achse gedreht, so zeigt sich gleichfalls ein Rundlauffehler, dessen Ursache aber ein Formfehler ist. In diesen beiden Fällen handelt es sich um Form- und Lagefehler, die als Rundlauffehler erst in der Bewegung der Werkstücke in Erscheinung treten [7]. Hierfür können noch mannigfache Beispiele angeführt werden, die täglich in der Praxis auftreten.

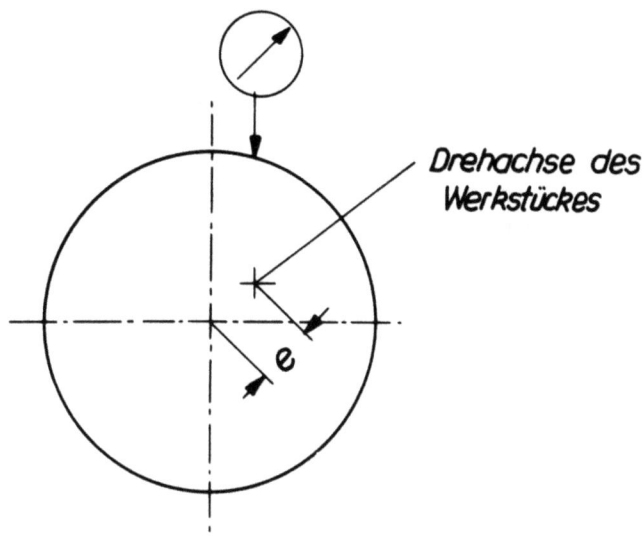

Abbildung 5
Rundlauffehler eines Werkstückes infolge Exzentrizität
der Drehachse zum Kreiszylinder

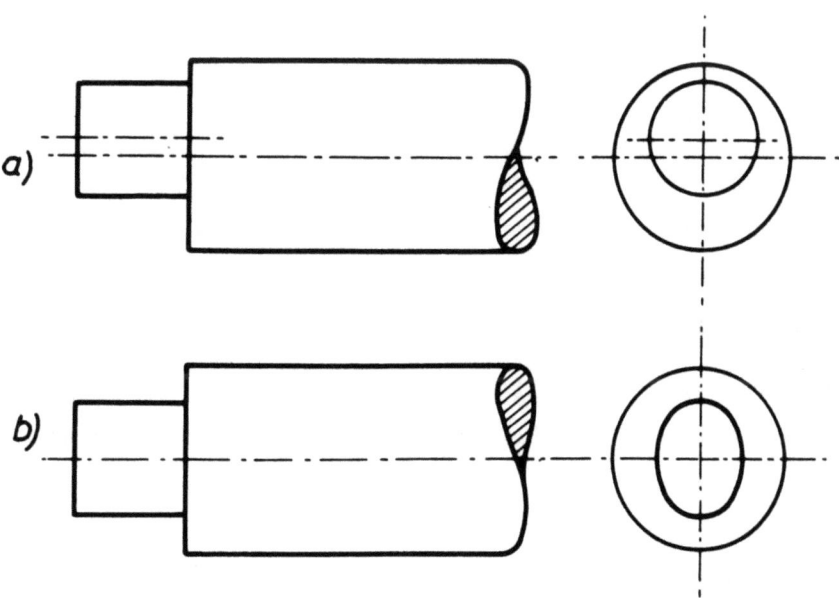

Abbildung 6
Beispiel für die Ursachen von Rundlauffehlern

1.23 Ermittlung der Formfehler

Im Rahmen der Untersuchungen für einen Wirtschaftlichkeitsvergleich der Feinbearbeitungsverfahren soll an dieser Stelle noch auf die Ermittlung der Formfehler an kreiszylindrischen Werkstücken eingegangen werden. Hierbei sind vornehmlich der Zylindrizitätsfehler und der Kreisformfehler zu betrachten.

Ein sehr einfaches Verfahren, um die Formfehler an kreiszylindrischen Werkstücken zu ermitteln, ist in Abbildung 7 wiedergegeben. Auf diese Art wird normalerweise auch der Werkstückdurchmesser festgestellt. Bei

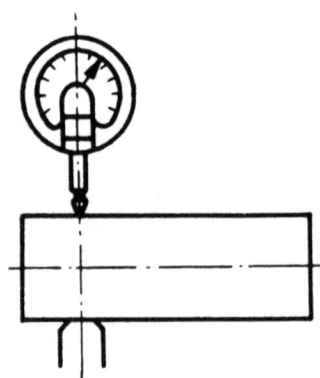

Abbildung 7

Zweipunkt-Messung zur Ermittlung der Formfehler an einem kreiszylindrischen Werkstück (Punktweise Abtastung)

dieser Meßmethode können allerdings die Formfehler krummer oder in Längsrichtung verwundener Werkstücke nicht ermittelt werden. Ebenso ist die Erfassung der Kreisform durch eine Zweipunktmessung unmöglich, wenn es sich um ein Gleichdick handelt, wie im folgenden noch gezeigt wird.

Zur Bestimmung des Zylindrizitätsfehlers ist eine Messung gegen eine Bezugsfläche bekannter Genauigkeit erforderlich, wie es Abbildung 8 zeigt. Der Prüfling wird auf einem genau geführten Tischschlitten ausgerichtet und von Hand unter einem Feintaster von Meßstelle zu Meßstelle verschoben. Durch eine derartige Messung ist der Zylindrizitätsfehler sehr genau zu bestimmen.

Da sich der Meßvorgang sehr zeitraubend und umständlich gestaltet, ist zur Vereinfachung die Verwendung eines Feintasters zu empfehlen, der die Werkstückform kontinuierlich abtastet und mit Hilfe eines Schreibers die Werkstückform aufzeichnet. Die Verschiebung des Werkstückes unter dem Feintaster geschieht dabei durch einen Vorschubmotor (Abb. 9).

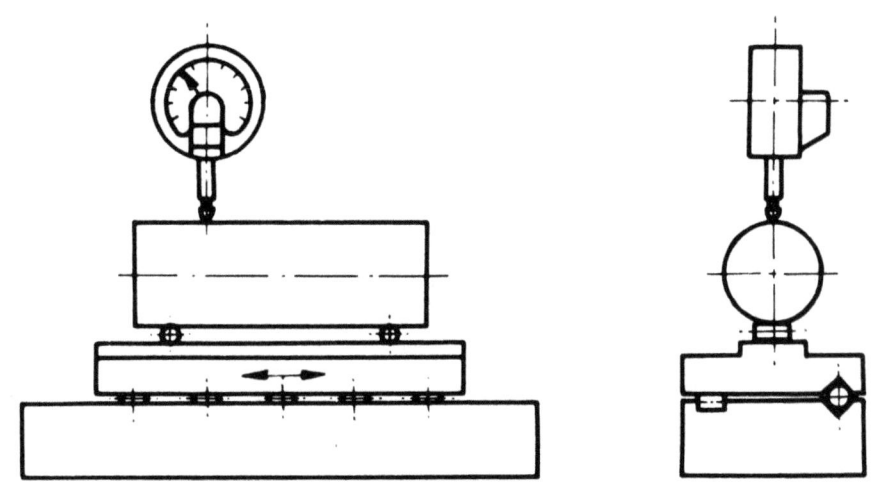

Abbildung 8
Punktweises Abtasten einer Werkstückmantellinie gegen eine definierte Bezugsfläche

Ein im Werkzeugmaschinenlaboratorium der TH Aachen entwickeltes Ebenheitsmeßgerät ist schematisch in Abbildung 10 dargestellt. Wie der Name schon sagt, ist dieses Gerät hauptsächlich zum Ausmessen ebener Flächen vorgesehen. Durch entsprechende Aufnahmeeinrichtungen können aber an zylindrischen oder kegeligen Werkstücken Formfehler ermittelt werden.

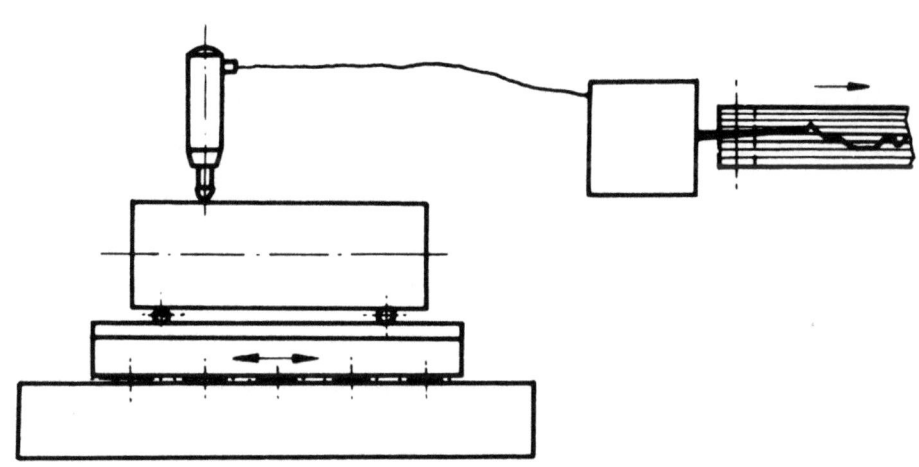

Abbildung 9
Kontinuierliches Abtasten und Aufzeichnen einer Werkstückmantellinie durch Feintaster und elektrisches Schreibgerät

Das Gerät besteht aus einer Glasplatte, die einen sehr geringen Ebenheitsfehler aufweist und als Bezugsfläche dient, gegen die ein elektrischer Feintaster mit Hilfe zweier Membranen bei konstanter Kraft angedrückt wird. Der Feintaster kann in zwei Koordinaten senkrecht zueinander ver-

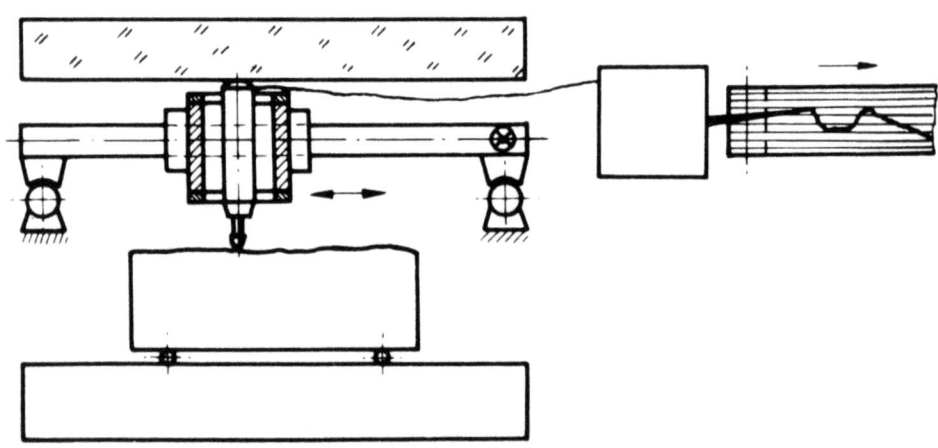

A b b i l d u n g 10
Ebenheitsmeßgerät (Kontinuierliche Abtastung)

fahren werden, hierbei erfolgt die Verschiebung in einer Richtung durch einen Synchronmotor. Der Prüfling befindet sich unter dem Taster auf einem ausrichtbaren Tisch. Die Belastung der Meßeinrichtung durch Werkstücke ist nicht begrenzt, da die Bezugsfläche dadurch nicht beeinflußt wird. Die Tasterbewegung wird elektrisch verstärkt und mit Hilfe eines Schreibers aufgezeichnet. Mit diesem Gerät läßt sich der Zylindrizitätsfehler leicht und mit der erforderlichen Genauigkeit bestimmen.

Dagegen gestaltet sich die Ermittlung des Kreisformfehlers wesentlich schwieriger. Es wurde bereits erwähnt, daß bei einer Zweipunktmessung der Rundheitsfehler eines Gleichdicks nicht festgestellt werden kann, da bei dieser Werkstückform alle Durchmesser gleich groß sind. Abbildung 11 zeigt, daß ein solcher Fehler nur bei einer Dreipunktmessung im Prisma zu erkennen ist. Hierbei ist die richtige Wahl des Prismenwinkels von entscheidender Bedeutung. Meistens ist aber die Form des Rundheitsfehlers nicht bekannt, und diese Fehler kommen praktisch nie in dieser Idealform vor. Deshalb ist auch von einer derartigen Meßmethode abzuraten. Bei einem geradzahligen Unrund kann der Kreisformfehler im Prisma meistens überhaupt nicht gemessen werden. Abbildung 11 zeigt ergänzend, daß ein Rundheitsfehler, der durch einen elliptischen Querschnitt bestimmt ist, nur durch eine Zweipunktmessung ermittelt werden kann. Der Kreisformfehler ergibt sich in diesem Fall zu k = f/2.

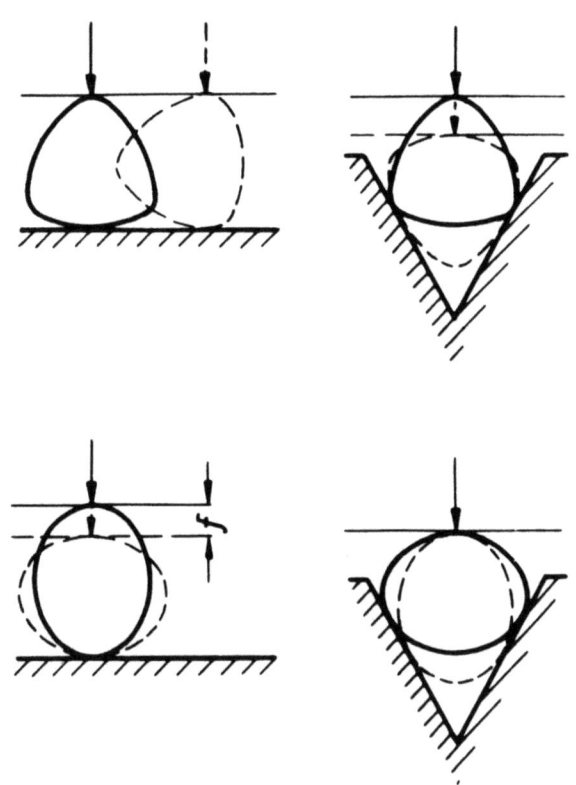

A b b i l d u n g   11
Bestimmung des Kreisformfehlers durch Zwei- und Dreipunktmessung

Zur Ermittlung der Unrundheit wendet man in der Praxis häufig ein Verfahren an, das schematisch in Abbildung 12 wiedergegeben ist. Hierbei setzt man voraus, daß sich das Werkstück um eine Achse dreht, die sich während der Messung nicht verlagert. Dies trifft in den meisten Fällen nicht zu, da sich auf die Drehbewegung die Formfehler der Zentrierungen auswirken, wodurch das Werkstück radiale Bewegungen ausführt, die zu einem falschen Meßergebnis führen. Rundheitsfehler von 1µ und weniger, wie sie beispielsweise bei feingedrehten Werkstücken auftreten, können mit diesem Verfahren nicht mehr ermittelt werden.

Bei Verwendung eines einzigen Feintasters mißt man zudem nur den Rundlauffehler. Deshalb ist ein zweiter Feintaster, der dem ersten gegenüberliegend angeordnet ist, erforderlich. Aus der Differenz beider

Ablesungen erhält man dann die Durchmesserunterschiede über dem Werkstückumfang. Wegen der hohen Meßunsicherheit dieser Meßmethode scheidet das Verfahren zur Bestimmung des Kreisformfehlers ebenfalls aus.

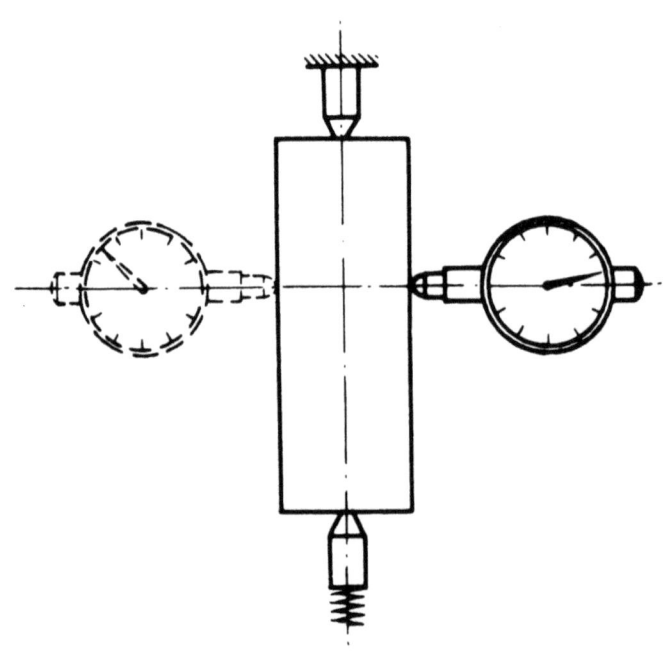

A b b i l d u n g 12

Ermittlung des Kreisformfehlers eines Werkstückes zwischen Spitzen

Wie bei der Messung des Zylindrizitätsfehlers so ist auch für die Ermittlung des Rundheitsfehlers eine Bezugsfläche hoher Genauigkeit erforderlich. Dieser Forderung entspricht das in Abbildung 13 gezeigte Rundheitsmeßgerät, bei dem sich ein Feintaster auf einer sehr genauen Kreisbahn um das Werkstück bewegt und somit die Kreisform abtastet. Die Tasterbewegungen werden über einen Verstärker auf einen Polarschreiber übertragen, der das Werkstückprofil in Polarkoordinaten stark vergrößert aufzeichnet. Das zu messende Werkstück befindet sich eingespannt auf dem großen Kreuztisch. Die Spindel, welche den Taster trägt, ist in zwei Koordinaten verstellbar, so daß es möglich ist, die Achsen von Werkstück und Spindel sehr genau zum Fluchten zu bringen. Mit diesem Gerät sind Vergrößerungen bis maximal 20 000fach möglich. Die Rundlaufgenauigkeit der Meßspindel beträgt etwa $0,05\,\mu$. In Verbindung mit einem Eichnormal, einer Glashalbkugel mit einer Genauigkeit von 0,02 µ , läßt sich die Rundlaufgenauigkeit der Spindel bis zu 0,07 µ genau kontrollieren.

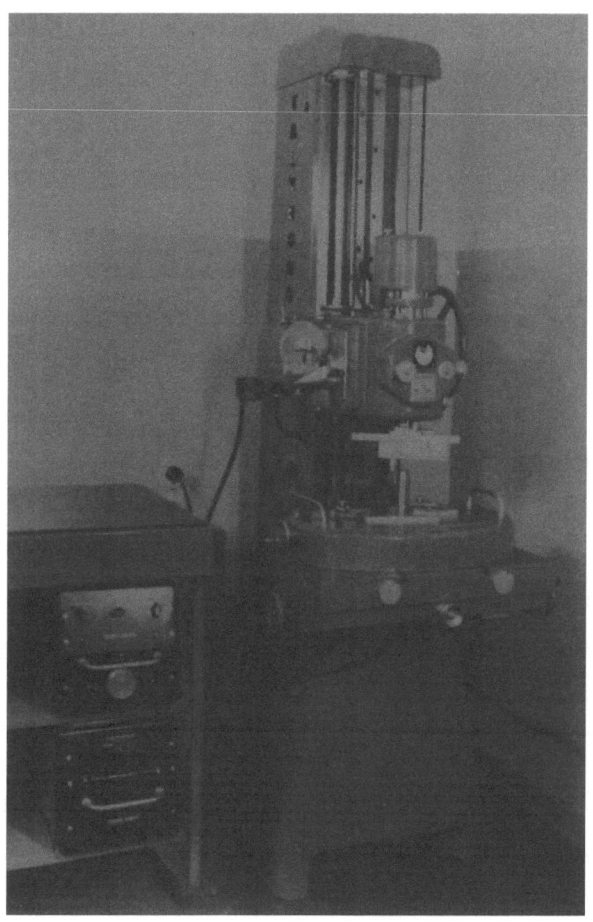

Abbildung 13
Rundheitsmeßgerät Talyrond

1.24 Formfehler und Funktionstüchtigkeit der Werkstücke

Wie bereits zu Anfang dieses Berichtes erwähnt, können die Zylindrizitäts- und Kreisformfehler die Funktionstüchtigkeit der Werkstücke in starkem Maße beeinflussen. Diese Feststellung soll an Hand einiger Beispiele näher erläutert werden.

Betrachtet man beispielsweise einen mit hoher Drehzahl umlaufenden zylindrischen Wellenzapfen in einem Gleitlager, so ist darauf zu achten, daß Kreisform- und Zylindrizitätsfehler möglichst gering gehalten werden. Der Rundheitsfehler ist deshalb wichtig, weil er sich als Rundlauffehler geometrisch auf die Drehbewegung überträgt. Hierbei treten große, radial gerichtete Beschleunigungskräfte auf, wodurch die Drücke, die auf das Lager wirken, zeitweilig sehr hoch ansteigen können. Ein zusätzlicher Zylindrizitätsfehler des Wellenzapfens, etwa ballig, hohl oder sogar verwunden, verschlechtert die Funktionstüchtigkeit beider Maschinenteile in erheblichem Maße, da nur wenige Lagerstellen zum Tragen kommen. Hierdurch kann der örtliche Lagerdruck unzulässig hoch ansteigen und das Lager zerstören. Wird die Welle im vorliegenden Falle noch unter einer konstanten Belastung elastisch verformt, so kann eine leichte Kegeligkeit des Wellenzapfens von Vorteil sein, wenn sich dieser in Richtung auf die Welle zu verjüngt, wie Abbildung 14 zeigt. Bei der elastischen Durchbiegung der Welle schmiegt sich der Zapfen der Bohrung des Lagers an, und die Tragfläche wird vergrößert. Das gleiche gilt auch für ein kegeliges Lager bei einem zylindrischen Zapfen. Dieser Fall tritt aber nur selten auf, da es leichter ist, einen kegeligen Zapfen herzustellen als eine kegelige Bohrung.

Bei einer derartigen Form handelt es sich dann nicht mehr um einen Zylindrizitätsfehler, sondern um eine beabsichtigte Formabweichung bzw. Formumwandlung von der idealgeometrischen Kreiszylinderfläche zur idealgeometrischen Kreiskegelfläche hin.

Für den Rundheitsfehler soll noch ein zweites treffendes Beispiel angeführt werden. Der Kugellagersitz einer Welle sei unrund. Beim Aufziehen des elastischen Kugellager-Innenringes schmiegt sich dieser der unrunden Form des Wellensitzes an und übernimmt dessen Kreisformfehler in voller Höhe, da der dünne Innenring wesentlich leichter verformbar ist als die starre Welle. Das gleiche geschieht auch mit dem Außenring, vorausgesetzt, daß die Bohrung, die den Außenring aufnimmt, ebenfalls unrund ist. In diesem Falle ergeben sich selbst bei Anwendung guter Genauigkeitskugellager hoher Qualität Verformungen und demnach auch Gestaltsänderungen, welche die Haltbarkeit und Funktionstüchtigkeit des Wälzlagers von vornherein bedeutend herabsetzen, da der radiale Abstand der äußeren und inneren Kugellagerlaufflächen, den Kreisformfehlern von Bohrung und Welle entsprechend, unterschiedlich groß ist und nur noch an wenigen Stellen sein Sollmaß aufweisen wird, wie aus Abbildung 15 hervorgeht. Derartige Gestaltsänderungen können so weit gehen, daß der erforderliche Abstand der Wälzlagerringe voneinander an den Stellen größter Verformung zum Durchlaufen der Wälzkörper zu gering wird. Die Folge davon ist, daß das Kugellager blockiert und unbrauchbar wird.

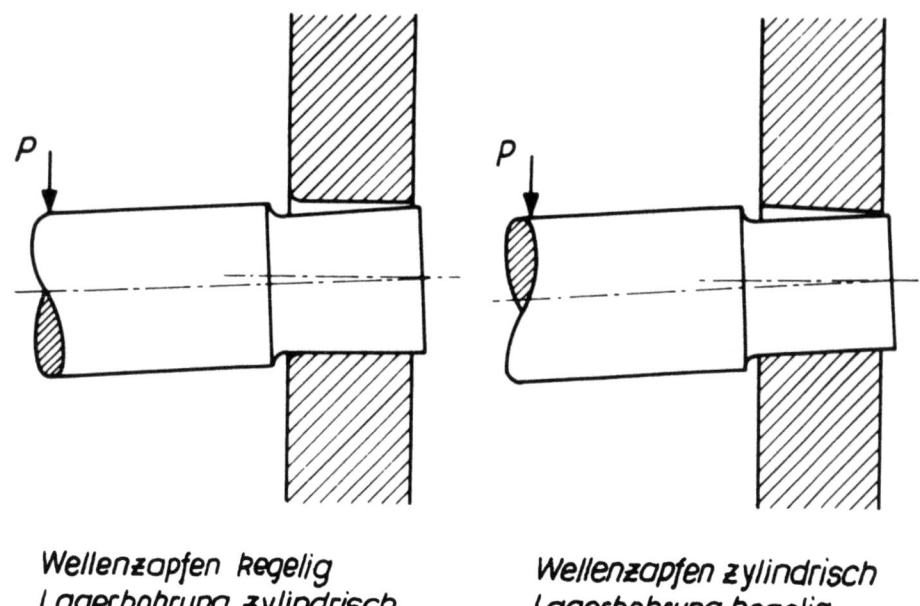

Abbildung 14

Funktionsgerechte Ausführung einer Gleitlagerung bei belasteter Welle

(nach KIENZLE)

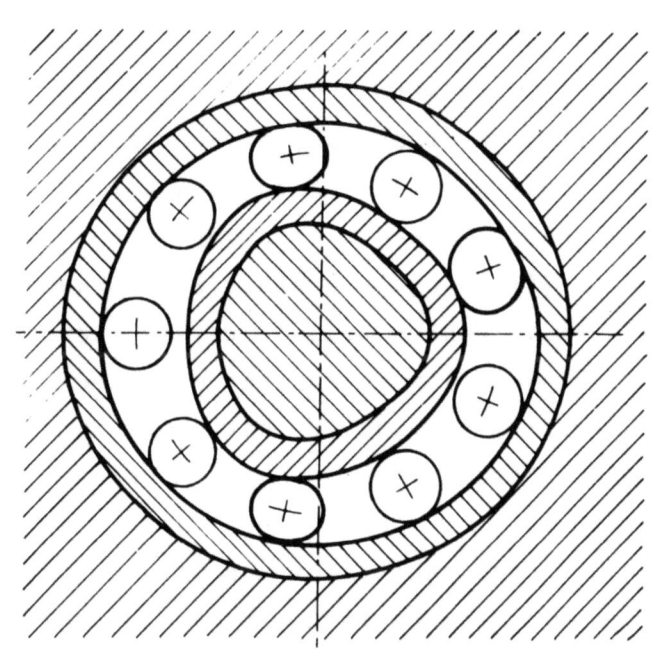

Abbildung 15

Beispiel für die Übertragung von Formfehler auf andere Bauteile

(stark übertrieben dargestellt)

Diese Beispiele dürften zur Genüge gezeigt haben, wie wichtig es ist, die Formfehler bei hochbeanspruchten Werkstücken gering zu halten. Abgesehen von dem Einfluß der Formfehler auf die Funktionsfähigkeit der Werkstücke, ist es auch für die Fertigung sehr wichtig, wenn die Formfehler gering gehalten werden können. Normalerweise wird die zur Verfügung stehende Fertigungstoleranz sowohl von den Form- als auch von den Maßfehlern beansprucht. Bei hohen Formfehlern bleibt für die Maßstreuung von Werkstück zu Werkstück nur noch das Resttoleranzfeld übrig. Bleibt aber der Formfehler klein, vor allem bei sehr engen Toleranzen, so wird dadurch die Fertigung der Werkstücke wesentlich erleichtert.

1.3 Aufgabenstellung

Das Ziel der Untersuchungen für einen Wirtschaftlichkeitsvergleich der Feinbearbeitungsverfahren ist, für die Fertigbearbeitung von Werkstücken hoher Qualität mit den verschiedensten Fertigungsmethoden die kostengünstigsten Zerspanbedingungen zu finden. Bekanntlich steigen die Kosten mit zunehmender Werkstückqualität sehr schnell an, und für den Fertigungsingenieur ist es bei der Fülle der sich anbietenden Fertigungsverfahren oft sehr schwierig, wenn nicht sogar unmöglich, das wirtschaftlichste Verfahren zu finden, vor allem, wenn es sich um die Frage der erzielbaren Formgenauigkeit geht, da ihm hier die erforderlichen Unterlagen fehlen.

Erschwerend für die Untersuchungen ist die Tatsache, daß über die Zusammenhänge zwischen Werkstückqualität und Fertigungskosten bisher nur wenige Ergebnisse vorliegen. Insbesondere aber müssen für die betreffenden Verfahren erst einmal die günstigsten Bearbeitungsbedingungen ermittelt werden, bei denen überhaupt eine optimale Werkstückgüte bezüglich Form, Maß und Oberflächengüte erzielt werden kann. Auch hierüber fehlen für die meisten Verfahren brauchbare Richtwerte. Hinzu kommt noch, daß die Formfehler in der Hauptsache maschinenbedingt und nicht ohne weiteres zu beeinflussen sind. Es hat wenig Sinn, sich lediglich mit der Ermittlung der Formfehler zu begnügen und sie als gegebene, unabdingbare Fehler hinzunehmen. Damit bleibt die Frage nach ihrer Ursache ungeklärt, wodurch die Möglichkeit für konstruktive Hinweise zur Beseitigung der Fehler ausgeschlossen wird. In manchen Fällen wird es möglich sein, durch zweckmäßigere Einspannung des Werkstückes oder steifere Maschinenelemente sowie genauere Führungen vor allem der Arbeitsspindel die Formfehler zu verringern. Allein aus diesem Grund ist es vor der

Aufstellung der Kostenkurven unbedingt erforderlich, allen Einflüssen, die auf die Werkstückgüte wirken, nachzuspüren und sie zu ergründen. Dann erst hat der Wirtschaftlichkeitsvergleich seinen Sinn erfüllt und bringt für die Praxis sichtbaren Nutzen.

Die Zusammenhänge zwischen Zerspanbedingungen, Werkstückgüte und Fertigungskosten für das Außen-Feindrehen und Außenrund-Längsschleifen wurden bereits ausgiebig untersucht [15]. Für diese Verfahren liegen die Kostenkurven vollständig vor; somit können diese Untersuchungen als beendet betrachtet werden. Die Versuche wurden nunmehr auf das Innen-Feindrehen, Feinbohren, Außenrund-Einstechschleifen und Innen-Feinschleifen ausgedehnt. Bisher wurden die Ergebnisse für das Innen-Feindrehen und Außenrund-Einstechschleifen abgeschlossen. Aufgabe dieses Berichtes ist es, über diese beiden Verfahren ausführlich zu berichten.

2. Innen-Feindrehen

2.1 Begriffsbestimmung des Verfahrens

Der Ausschuß Feinbearbeitung der VDI-Fachgruppe Betriebstechnik (ADB) hat für das Drehen folgende Definition vorgeschlagen:

> Drehen ist das Spanen mit einschneidigem, ständig im Eingriff stehendem Werkzeug zur Verbesserung von Form, Maß, Lage und Oberfläche, wobei das Werkstück eine drehende Hauptbewegung und das Werkzeug die Vorschubbewegung ausführt.
>
> Die erzielten Oberflächen weisen beim Längsdrehen parallele, beim Stirndrehen spiralartige Rillen auf. Oberflächencharakter B 1 bzw. B 4 nach DIN 4761.
>
> Für das Feindrehen sind im allgemeinen hohe Schnittgeschwindigkeiten, gleichbleibender Spanquerschnitt, kleine Vorschübe und geringe Spantiefen kennzeichnend. Das Innenfeindrehen wird in der Praxis oft fälschlicherweise mit Feinbohren bezeichnet.

Zu dieser Definition ist noch folgendes zu bemerken: Durch die Werkstückform bedingte Schnittunterbrechungen beeinträchtigen die Einordnung des Verfahrens unter den Begriff Drehen nicht, da die Schnittunterbrechungen nicht durch Werkstück- und Werkzeugbewegung hervorgerufen werden. In Abbildung 16 ist der Zerspanungsvorgang für das Innen-Feindrehen schematisch dargestellt.

Die Feindrehversuche wurden an einem Normwerkstück aus dem Vergütungsstahl Ck 45 durchgeführt, das Abbildung 17 zeigt. Der zu bearbeitende Innendurchmesser beträgt 16 mm bei einer Bearbeitungslänge von 25 mm. Auf diese Maße beziehen sich alle im folgenden ausgeführten Angaben über Oberflächengüte, Maß- und Formgenauigkeit sowie Fertigungskosten.

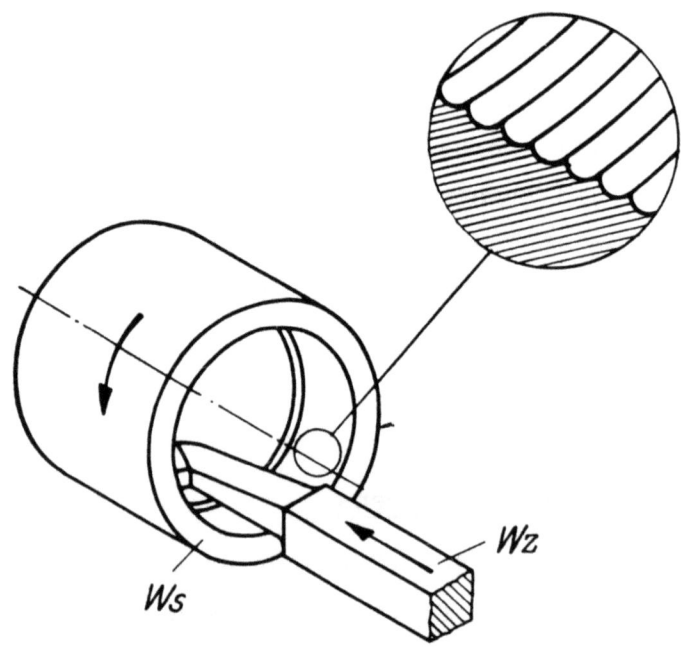

A b b i l d u n g   16
Die Bewegungsverhältnisse von Werkstück und Werkzeug
beim Innen-Feindrehen

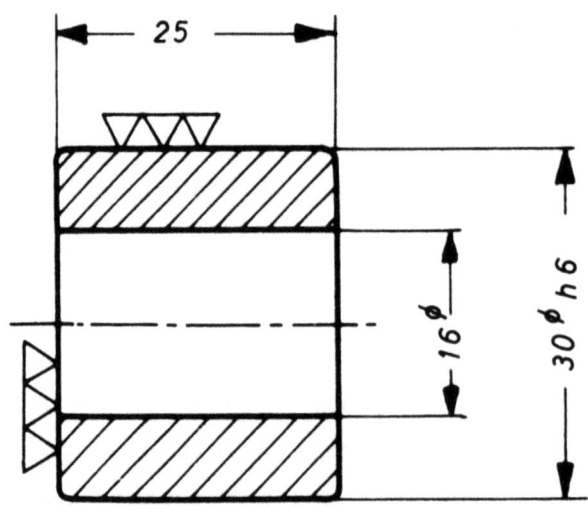

A b b i l d u n g   17
Normwerkstück für das Innen-Feindrehen

2.2 Gestaltung des Drehwerkzeuges

Für die Feindrehversuche standen zunächst mit Hartmetall F 1 bestückte Innendrehmeißel nach DIN 4973 zur Verfügung, mit denen die Versuche begonnen wurden. Da sich bereits beim Außenfeindrehen die Schneidenform mit einer Abrundung gegenüber anderen Schneidenausführungen als günstiger erwiesen hatte, wurde diese Schneidenform beibehalten; hierbei wurde der Abrundungsradius zwischen r = 0,25 und 1 mm verändert. Da die Krümmung der Werkstückoberfläche in bezug auf die Meißelspitze beim Innen-Feindrehen gegenüber der beim Außen-Feindrehen entgegengesetzt und der Durchmesser wesentlich kleiner ist, müßten sowohl Span- als auch Freiwinkel größer ausgebildet werden. Beide Winkel wurden zu $10°$ festgelegt.

Bekanntlich gestaltet sich beim Innen-Feindrehen der Spanablauf sehr schwierig. Das gilt ganz besonders für Werkstücke mit kleinen Bohrungsdurchmessern, wenn mit hohen Schnittgeschwindigkeiten und kleinen Vorschüben gearbeitet wird. Der ablaufende Fließspan tritt überhaupt nicht oder nur selten aus der Bohrung heraus, vielmehr verwickelt er sich in Form eines Knäuels zu einem Wirrspan, der sich in der Bohrung allzu leicht am Meißelschaft verfängt. Dieses Spanknäuel beschädigt einmal die bereits bearbeitete Werkstückoberfläche und hinterläßt dort die gefürchteten Spanriefen, zum anderen stellt es eine Gefahr für die empfindliche Schneidenspitze dar, die nicht selten durch umhergeschleuderte Späne beschädigt oder gar völlig zerstört wird. Während es bei kurzspanenden Werkstoffen möglich ist, die Späne durch Preßluft aus der Bohrung zu entfernen, führt dies im vorliegenden Fall nicht zu dem gewünschten Erfolg. Deshalb wurde versucht, durch eine zweckmäßige Ausbildung der Schneidengeometrie den Spanablauf so zu beeinflussen, daß sich ein langgewundener Fließspan ausbildet, der die Bohrung verläßt, ohne die Werkstückoberfläche zu gefährden.

In zahlreichen Vorversuchen wurde eine günstige Schneidengeometrie gefunden, die folgende Winkel am Schneidkeil aufwies:

$$\alpha \text{ und } \gamma = 10°; \quad \lambda = 5°; \quad \varkappa = 65°; \quad \varepsilon = 90°.$$

Es ist jedoch darauf zu achten, daß der Meißel keine Ecken und Kanten besitzt, an denen sich der Span verfangen kann.

In Abbildung 18 ist das Foto eines Spanes wiedergegeben, der mit dieser Schneidengeometrie erzeugt wurde.

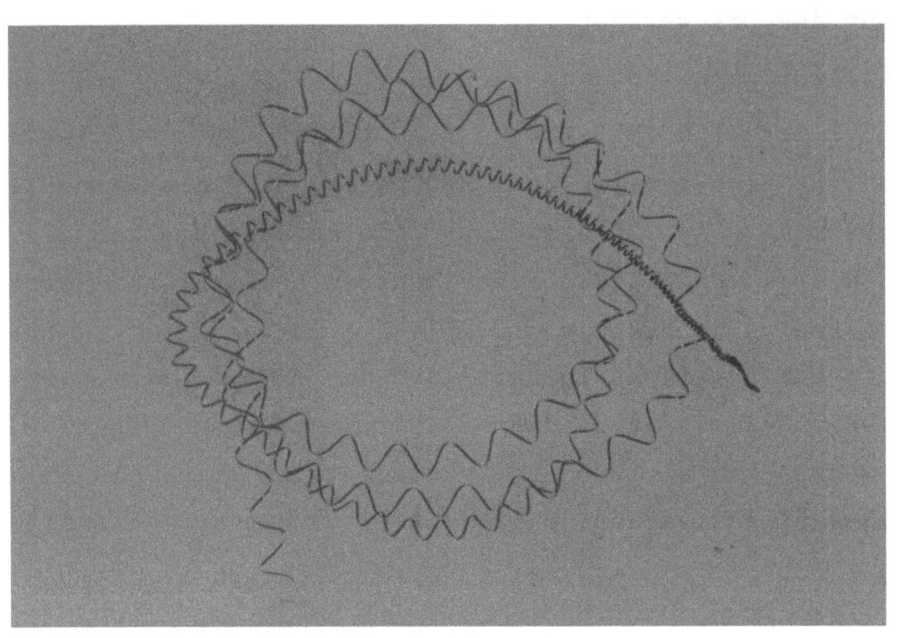

Abbildung 18
Wendelspan beim Innen-Feindrehen

Abbildung 19 zeigt den Ablauf des Spanes aus der Bohrung des Werkstückes. Trotz der günstigen Schneidenausbildung ist ein Spanbrecher oder eine Spanbrechernute am Schneidenradius empfehlenswert, vor allem, wenn mit sehr kleinen Vorschüben im Bereich um 0,05 mm/U gearbeitet werden muß, da sich in diesem Vorschubbereich der Spanablauf besonders schwierig

Abbildung 19
Spanform und Spanablauf beim Innen-Feindrehen

gestalten und auch nicht mehr durch Veränderung der Schneidengeometrie beeinflußt werden kann.

Bei diesen Vorversuchen wurde wiederholt festgestellt, daß sich der genormte Innendrehmeißel sehr schwingungsfreudig verhält. Es gelang nicht, diese Meißelschwingungen zu beseitigen oder wenigstens genügend zu dämpfen, so daß die Werkstücke durch Rattermarken auf der Oberfläche sehr oft unbrauchbar wurden. Deshalb wurde ein neues Drehwerkzeug entwickelt, das speziell der vorliegenden Werkstückform angepaßt wurde. Dieser neue Meißel ist zusammen mit dem Innendrehmeißel nach DIN 4973 in Abbildung 20 wiedergegeben. Im Gegensatz zu dem genormten Drehmeißel ist der hierbei sonst zylindrische Schaft mit der Kröpfung, die das Hartmetallplättchen trägt, konisch und in Form eines Trägers gleicher Festigkeit ausgeführt.

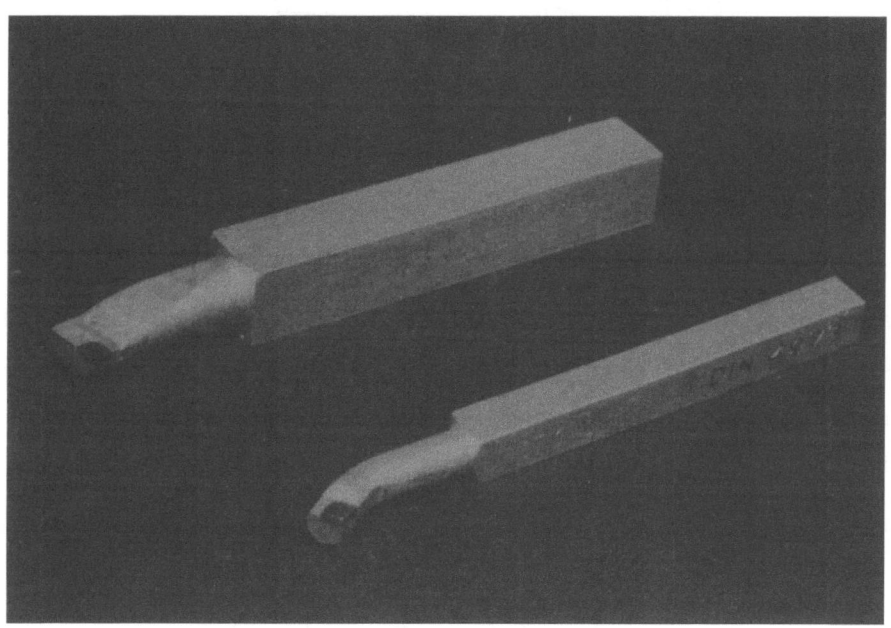

A b b i l d u n g   20
Innen-Feindrehmeißel

Die Abschrägung an diesem kegeligen Schaft gibt dem Span genügend Raum, aus der Bohrung herauszulaufen. Der Meißel ist insgesamt stabiler ausgeführt. In Abbildung 21 ist an Hand einer Skizze diese Meißelausführung nochmals genauer dargestellt.

Neben der erforderlichen Starrheit des Drehmeißels im Hinblick auf die Meißelschwingungen ist eine erhöhte Steifigkeit des Werkzeuges außerdem von besonderer Bedeutung, wenn man die Schnittkraftänderung mit zunehmender Schnittzeit von Werkstück zu Werkstück und die Schnittkraftschwankungen während des Drehens am einzelnen Werkstück berücksichtigt. Beide Faktoren haben eine elastische Durchbiegung des Meißels zur Folge, die sowohl die Maß- als auch die Formgenauigkeit der Werkstücke in unzulässiger Weise beeinträchtigen können. Hierüber soll im Zusammenhang mit der Form- und Maßgenauigkeit noch ausführlicher berichtet werden.

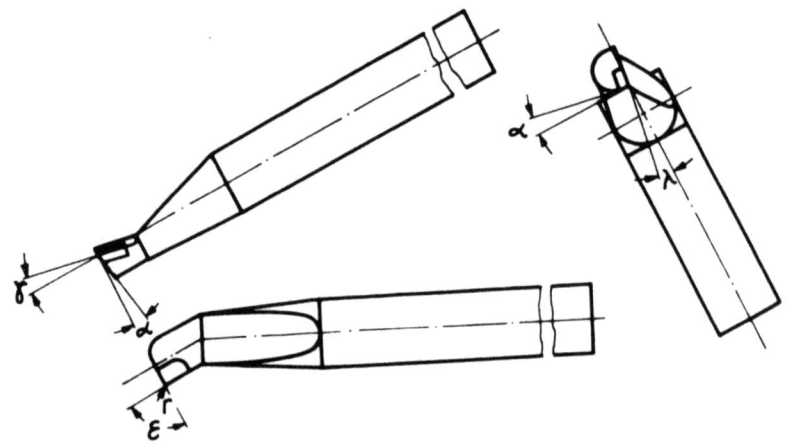

A b b i l d u n g   21
Entwurf für einen Innen-Feindrehmeißel

Aus den soeben angeführten Gründen wurden zum Vergleich beider Meißelausführungen die Federkennlinien mehrerer Drehwerkzeuge aufgenommen, deren Federsteife aus dem Diagramm in Abbildung 22 zu entnehmen ist. Hier ist die elastische Verformung über der Belastung für einen DIN-

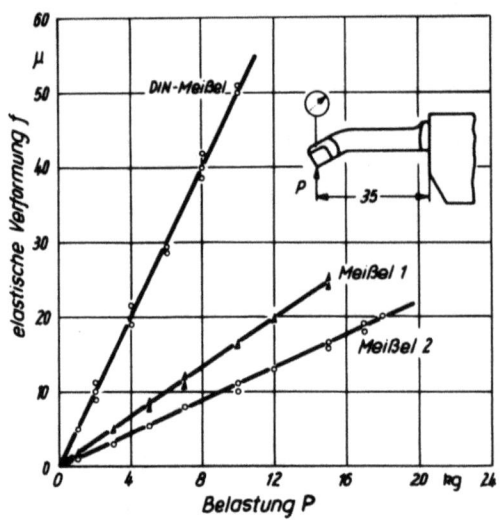

A b b i l d u n g   22
Federkennlinien verschiedener Feindrehmeißel

Meißel und für zwei neu entwickelte Drehmeißel dargestellt. Bei der Ermittlung der Federsteife betrug die Auskraglänge von der Einspannstelle bis zur Schneidenspitze 35 mm. Aus dem Diagramm ist für den genormten Drehmeißel eine Federsteife von 0,2 kg/μ abzulesen. Dagegen weisen die beiden neuentwickelten Drehmeißel 1 und 2 eine Starrheit von 0,6 kg/μ bzw. 0,9 kg μ auf. Die Starrheit der neuen Schneidwerkzeuge konnte demnach gegenüber dem genormten Drehmeißel auf das Drei- bzw. 4 1/2fache gesteigert werden. Setzt man beispielsweise eine Zunahme der Schnittkraft P_3 (Rückkraft) von 4 auf 6 kg, also um 2 kg während einer Standzeit voraus, so verformt sich der DIN-Meißel um 10 μ, der Meißel 1 um 3,4 μ und der Meißel 2 nur um 2,2 μ. Über der Werkzeugstandzeit würde also eine Werkstückdurchmesseränderung erfolgen, die nur auf die Meißeldurchbiegung zurückzuführen ist. Die Durchmesseränderung würde demnach beim DIN-Meißel etwa 20 μ betragen, beim Meißel 1 nur noch 6,8 μ und beim Meißel 2 etwa 4,4 μ. Allein aus diesem Grund ist eine steifere Ausbildung des Schneidwerkzeuges zu befürworten, weil damit das Toleranzfeld absolut gesehen wesentlich eingeschränkt werden kann. Dies bedeutet neben einer kleineren Streuung des Werkstückdurchmessers von Werkstück zu Werkstück auch eine geringere Nachstellhäufigkeit des Werkzeuges bei engeren Toleranzen.

Bei den nachfolgend beschriebenen Versuchen wurden nur noch Drehwerkzeuge eingesetzt, welche die gleiche Steifigkeit wie der Meißel 1 aufwiesen.

2.3 Form, Maß und Oberflächengüte beim Innen-Feindrehen

2.31 Einfluß der Zerspanbedingungen auf die Oberflächengüte

Nachdem durch die neue Meißelausführung die Meißelschwingungen weitgehend beseitigt waren und der Spanablauf zufriedenstellend erfolgte, konnte mit den Untersuchungen über den Einfluß der Zerspanbedingungen auf die Oberflächengüte begonnen werden. Bekanntlich wird die Oberflächenrauhtiefe beim Feindrehen in erster Linie durch Schnittgeschwindigkeit, Vorschub und Schneidenabrundung des Drehwerkzeuges bestimmt. Hierbei soll der Abrundungsradius der Schneidspitze jeweils so groß angeschliffen werden, wie es die Starrheitsverhältnisse beim Zerspanungsvorgang an der jeweilig verwendeten Werkzeugmaschine zulassen. Deshalb wurde in Stichversuchen die Abhängigkeit der Rauhtiefe von den Bearbeitungsbedingungen für verschiedene Schneidenabrundungen untersucht, die zu 0,25; 0,5 und 1,0 mm festgelegt wurden.

Von diesen drei Spitzenradien hat sich der Abrundungshalbmesser von 0,5 mm am günstigsten erwiesen. Beim Schneidenradius von r = 1 mm treten selbst bei dem relativ starren Drehwerkzeug noch häufig Meißelschwingungen auf, vor allem mit zunehmenden Schneidenverschleiß, wodurch die Standzeit des Meißels sehr stark beeinträchtigt wird. Die gleiche Erscheinung trat auch beim Außen-Feindrehen auf, wenn der Spitzenradius größer als 1 mm ausgebildet wurde. Bei dem kleineren Schneidenradius von 0,25 mm dagegen gestaltete sich der Spanablauf sehr schwierig, insbesondere bei Vorschüben kleiner als 0,08 mm/U. Allein aus diesem Grund schied dieser Abrundungsradius für die weiteren Versuche aus. Andererseits stellte sich noch heraus, daß der Meißel mit r = 0,5 mm sowohl in bezug auf die erreichbare Oberflächenrauhtiefe als auch im Hinblick auf die größere Standzeit den anderen Meißelradien überlegen war, wie in Stichversuchen nachgewiesen wurde. In Abbildung 23 ist für die drei untersuchten Schneidenabrundungen der Freiflächenverschleiß in Abhängig-

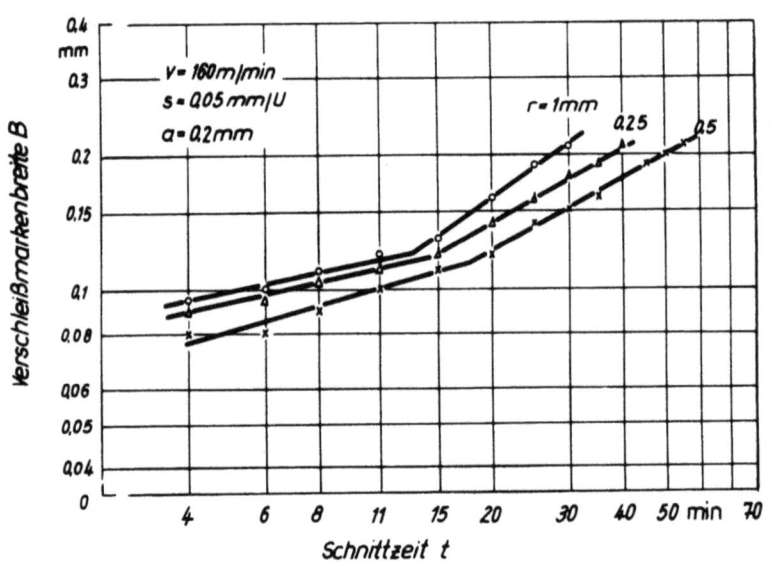

A b b i l d u n g   23

Freiflächenverschleiß über der Schnittzeit für verschiedene Schneidenabrundungen

keit von der Schnittzeit dargestellt. Dieser Vergleich spricht eindeutig für den Radius von 0,5 mm, der bei den angegebenen Schnittbedingungen mit einer Standzeit von 50 min den weitaus geringeren Freiflächenverschleiß aufweist. Für den verhältnismäßig raschen Anstieg des Verschleißes bei r = 1 mm sind die bereits erwähnten Schwingungserscheinungen am

Meißel als Ursache anzugeben. Dies drückt sich insbesondere schon in dem relativ hohen Anfangsverschleiß aus. Als sinnvolles Standzeitkriterium wurde eine zulässige Verschleißmarkenbreite von 0,2 mm festgelegt. Innerhalb dieser Schnittzeit steigt die Anfangsrauhtiefe im Mittel etwa auf das 1,5fache an, maximal wurde am Standzeitende der doppelte Wert für die Ausgangsrauhheit ermittelt.

Die für den Abrundungsradius von 0,5 mm ermittelten Standzeiten sind in Abbildung 24 in einem Standzeitschaubild wiedergegeben. Wie beim Außen-Feindrehen verlaufen auch hier die Standzeitgeraden unter einem Winkel von 45°. Bei gleichem Vorschub ist demnach der Standweg und damit auch die bearbeitete Fläche je Standzeit unabhängig von der gewählten Schnittgeschwindigkeit. Erhöht man beispielsweise den Vorschub im Verhältnis 1:1,5 von 0,12 auf 0,18 mm/U, so ergibt sich aus dem Standzeitschaubild eine Verringerung der Standzeit bzw. des Standweges nicht etwa zu gleichen Teilen, sondern zu 1:0,8. Damit steigt die je Standzeit bearbeitbare Fläche und Stückzahl der Werkstücke im Verhältnis von 1:1,25.

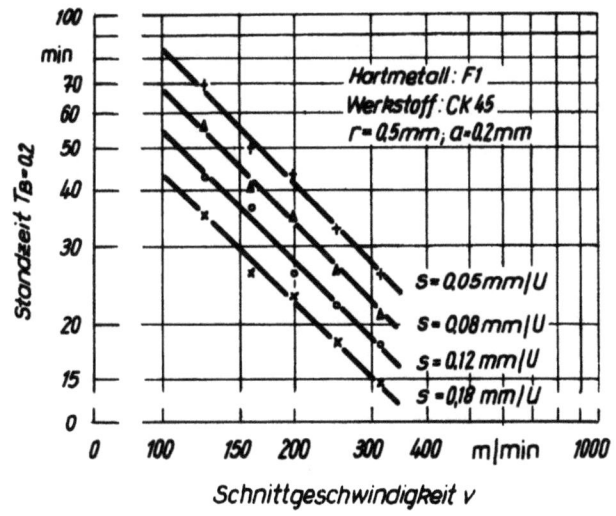

A b b i l d u n g 24

Standzeitschaubild für das Innen-Feindrehen mit r = 0,5 mm

Gegenüber dem Außen-Feindrehen mit r = 1 mm sind beim Innen-Feindrehen mit r = 0,5 mm die Standzeiten zu höheren Zeiten hin verschoben. Dies ist sowohl auf den unterschiedlichen Schneidenradius als auch auf den beim Innen-Feindrehen größeren Freiflächenwinkel zurückzuführen.

Wie sich die Oberflächenrauhtiefe in Abhängigkeit von den Zerspanbedingungen ändert, ist für den Schneidenradius r = 0,5 mm in Abbildung 25

wiedergegeben. Hier zeigt sich praktisch die gleiche Abhängigkeit, wie
sie bereits beim Außen-Feindrehen gefunden wurde. Mit kleiner werdender
Schnittgeschwindigkeit und zu größeren Vorschüben hin steigt die Rauhtiefe an. Ein ausgesprochenes Rauheitsminimum, wie es beim Außen-Feindrehen im Schnittgeschwindigkeitsbereich von etwa 250 m/min auftrat, ist
hier nicht mehr eindeutig zu erkennen, da für die höheren Schnittgeschwindigkeiten die Rauhtiefe nicht ermittelt werden konnte. Die maximal

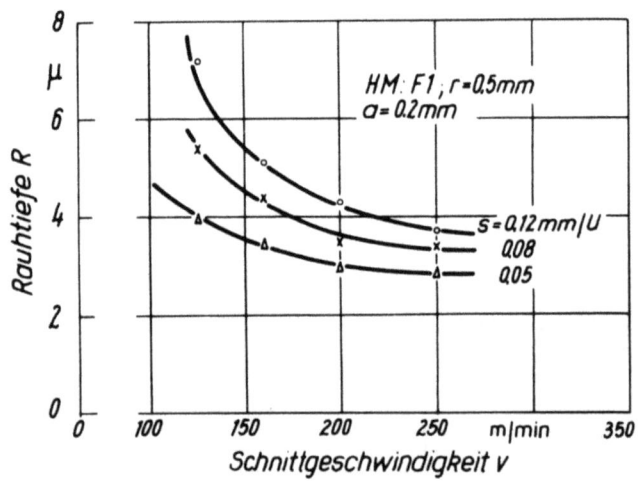

A b b i l d u n g 25
Rauhtiefe in Abhängigkeit von den Schnittbedingungen
beim Innen-Feindrehen

zulässige Spindeldrehzahl der verwendeten Feindrehbank betrug 3000 min^{-1}.
Dreht man die Normwerkstücke auf einen Durchmesser von etwa 27 mm aus,
so ergibt sich für die maximal zulässige Drehzahl die Schnittgeschwindigkeit von ca. 250 m/min. Die im Diagramm angegebenen Werte gelten für
frisch angeschliffene Schneiden und für den Trockenschnitt. Beim Außen-Feindrehen hat sich gezeigt, daß die Anwendung eines Schneidöls eine
beachtliche Rauhtiefenverbesserung zur Folge hat. Sie betrug etwa 2 µ
Ebenso konnte durch die Anwendung des Schneidöls der Freiflächenverschleiß wesentlich verringert werden. Hierbei konnte allgemein eine
Standzeiterhöhung von etwa 50 % verzeichnet werden. Es darf angenommen
werden, daß beim Innen-Feindrehen in gleicher Weise die Verwendung eines
Schneidöls eine Verringerung des Freiflächenverschleißes und der Rauhtiefe mit sich bringt. Im Rahmen dieser Untersuchungen wurde jedoch auf
diese zeitraubenden Versuche verzichtet. Im Zusammenhang mit den eben

dargelegten Ergebnissen bezüglich erreichbarer Oberflächengüte und Standzeit muß noch darauf hingewiesen werden, daß das bei diesen Versuchen verwendete Hartmetall der Sorte F 1 sehr empfindlich gegen Stöße und Temperaturschwankungen ist. Dies ist auf den Legierungsaufbau dieser Hartmetall-Qualität zurückzuführen, wodurch vor allem Wärmespannungsrisse begünstigt werden. Durch den hohen Titankarbidgehalt ist das Hartmetall zwar sehr verschleißfest, aber auch sehr spröde und bereits sehr kleine Ausbrüche genügen, um Einfluß auf Standzeit und Rauhtiefe zu nehmen. Hierin ist auch die Ursache für die größere Streuung der Standzeiten bei gleichen Bedingungen gegenüber anderen Hartmetallqualitäten geringer Härte und höherer Zähigkeit zu suchen. Die Streuung der Standzeiten bei gleichbleibenden Zerspanbedingungen wurden zu 15 bis maximal 20 % ermittelt.

2.32 Einfluß der Zerspanbedingungen auf die Maßgenauigkeit

Die beim Außen-Feindrehen gewonnenen Erkenntnisse bezüglich des Einflusses der Bearbeitungsbedingungen auf die Maßgenauigkeit der Werkstücke können nicht ohne weiteres auf das Innen-Feindrehen übertragen werden, da hier ganz andere Verhältnisse vorliegen. Deshalb muß auch für das Innen-Feindrehen versucht werden, alle Faktoren, die Einfluß auf die Maßgenauigkeit nehmen können, getrennt zu erfassen.

Die Maßänderungen an den Werkstücken werden mit zunehmender Schnittzeit hauptsächlich von folgenden drei Faktoren beeinflußt:

1. vom Freiflächenverschleiß des Drehmeißels, der beim Innen-Feindrehen eine Durchmesserabnahme zur Folge hat,

2. von der elastischen Durchbiegung des relativ weichen Drehwerkzeuges infolge der Rückkraft. Hierdurch wird die Durchmesserabnahme noch wesentlich verstärkt, und

3. von der Durchbiegung der Spindel unter der Wirkung der Rückkraft, die ebenfalls eine Vergrößerung der Durchmesserabnahme bewirkt.

Die Bestimmung des Werkstückdurchmessers erfolgte auf einem Innen-Meßgerät, das in Abbildung 26 wiedergegeben ist. Das Normwerkstück wurde zur Sichtbarmachung der beiden Meßschnäbel in Probenmitte durchgesägt. Das Werkstück wird auf den in Wälzlagern geführten Tisch gelegt, der in der Höhe zusätzlich verstellbar ist. Dadurch kann der Innendurchmesser an mehreren Stellen bezogen auf die Werkstücklänge gemessen werden.

Während der linke Meßschnabel mit dem Ständer des Gerätes starr verbunden ist, ist der rechte in Form eines Winkelhebels ausgeführt, an dessen Meßnippel die Tastspitze des eingespannten Feintasters angreift. Je Werkstück wurden mindestens drei Durchmesser ermittelt.

A b b i l d u n g   26
Meßeinrichtung zur Bestimmung der Werkstück-Innendurchmesser

In Abbildung 27 ist die Durchmesseränderung über der Schnittzeit für die im Diagramm angegebenen Bedingungen aufgetragen. Hierin bedeutet die schraffierte Fläche das Streufeld der gemessenen Werkstückdurchmesser. Bekanntlich läßt sich auf sehr einfache Weise der Schneidkantenversatz am Drehmeißel aus der Verschleißmarkenbreite an der Schneidspitze errechnen. Hieraus ergibt sich die theoretische Durchmesseränderung über der Schnittzeit. Die aus dem Schneidenverschleiß errechnete Durchmesserabnahme ist in dem Diagramm ebenfalls eingezeichnet. Aus dem Schaubild ist zu entnehmen, daß zwischen der errechneten und der tatsächlichen Durchmesseränderung eine erhebliche Differenz besteht, die mit zunehmender Schnittzeit allmählich größer wird. Dieser Unterschied ist zum größten Teil auf die Meißeldurchbiegung zurückzuführen, die unter der Wirkung der Rückkraft erfolgt. Um diesen Einfluß näher zu untersuchen, wurden für das Feindrehen Schnittkraftmessungen durchgeführt.

Da es sich beim Feinschnitt um sehr kleine Schnittkräfte handelt und die gemessenen Schnittkräfte relativ zur absoluten Größe der Kräfte stark streuen, wurden die Hauptschnittkraft und die Rückkraft nach drei verschiedenen Meßmethoden ermittelt.

Zunächst wurden die Schnittkräfte mit Hilfe des Schnittkraftmessers System "Merchant" festgestellt. Zur Kontrolle wurden sie zusätzlich aus den Verlagerungen der Reitstockspitze, deren Federsteife bekannt ist, beim Anschnitt des Drehmeißels ermittelt.

Ferner wurden Haupt- und Rückkraft mittels der Meißeldurchbiegung gemessen, wie in Abbildung 28 im Prinzip dargestellt ist. Die ermittelten Werte, welche die drei angewendeten Meßmethoden lieferten, stimmten überraschend gut überein.

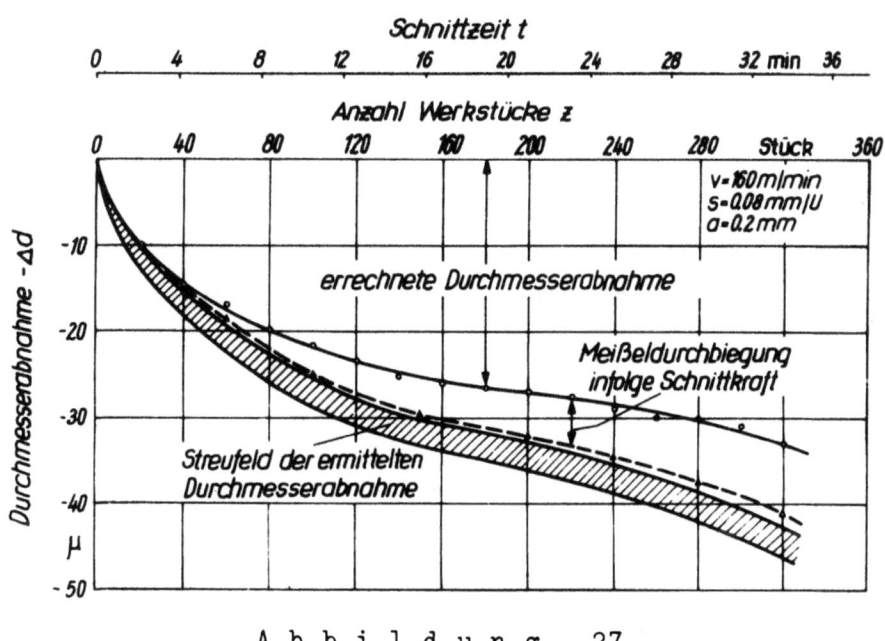

A b b i l d u n g   27
Durchmesserabnahme in Abhängigkeit von der
Schnittzeit beim Innen-Feindrehen

Die nach den soeben beschriebenen Verfahren ermittelte Hauptschnittkraft P_1 und die Rückkraft P_3 sind in Abbildung 29 in Abhängigkeit vom Vorschub aufgetragen. Das Diagramm gilt für den untersuchten Schnittgeschwinschwindigkeitsbereich von 125 bis 315 m/min, in dem die Schnittgeschwindigkeit keinen Einfluß auf die Schnittkräfte ausübt. Das Schaubild läßt erkennen, daß beide Schnittkräfte mit zunehmendem Vorschub beachtlich ansteigen; das gilt insbesondere für die Hauptschnittkraft, die allerdings keinen spürbaren Einfluß auf die Maßgenauigkeit beim Feindrehen ausübt. Wichtig für die Maßänderungen ist in erster Linie die Rückkraft, die den Innen-Drehmeißel elastisch verformt und auf diese Weise eine Durchmesseränderung bewirkt. Bevor dieser Einfluß genauer

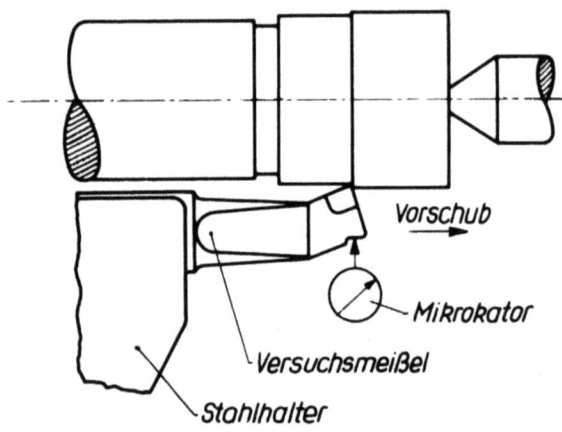

A b b i l d u n g   28
Ermittlung der Rückkraft aus der Meißeldurchbiegung

untersucht wird, sei noch auf die Veränderung der Schnittkräfte mit zunehmender Schnittzeit hingewiesen. Über den Verlauf der Schnittkräfte während der Schnittzeit gibt das Diagramm in Abbildung 30 Aufschluß.

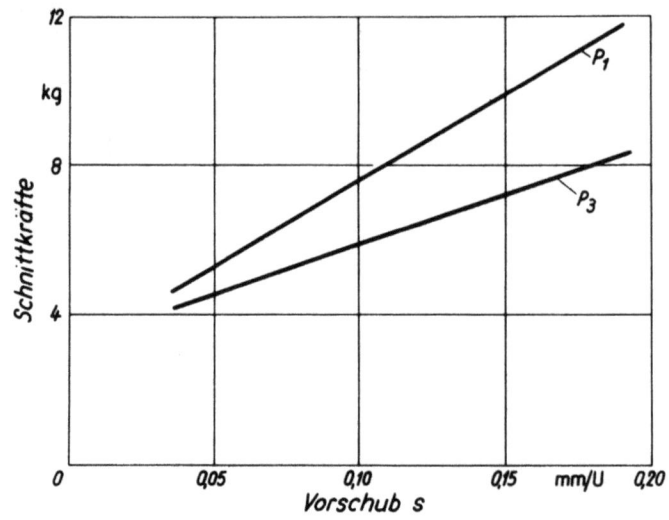

A b b i l d u n g   29
Schnittkräfte beim Feindrehen P_1 = Hauptschnittkraft P_3 = Rückkraft

Die Schnittbedingungen sind im Bild mit angegeben. Das Schaubild zeigt, daß die Rückkraft P_3 nach 34 min Drehzeit von etwa 4 kg auf 6,2 kg angewachsen ist. Auf Grund des Starrheitsschaubildes der Feindrehmeißel in Abbildung 22 ist nach dieser Schnittzeit mit einer Durchbiegung des Drehwerkzeuges von etwa 4 μ zu rechnen. Dies ergibt eine zusätzliche Durch-

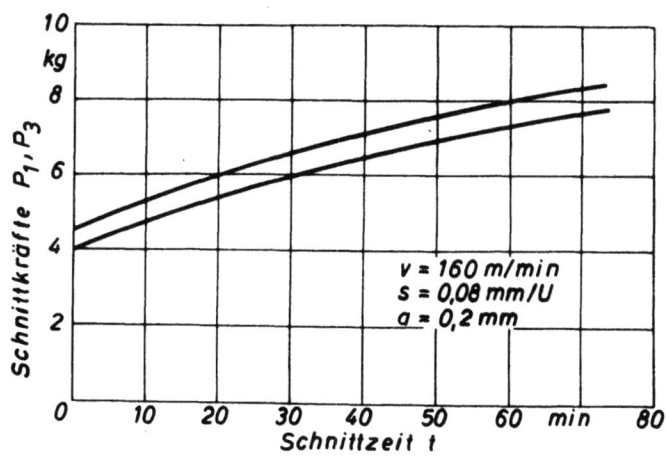

Abbildung 30

Schnittkraftänderung über der Schnittzeit beim Feindrehen

messeränderung von rund 8 μ , die der theoretischen Abnahme des Werkstückinnendurchmessers in Abbildung 27 hinzugerechnet werden muß. Die Bestätigung hierfür findet man in diesem Diagramm nach einer Schnittzeit von 34 min. Die gestrichelte Kurve gibt demnach die zusätzliche Maßänderung infolge der Rückkraft P_3 wieder, die für jeden Zeitpunkt dieses Versuches bestimmt wurde. Die restliche Differenz bis Mitte des Streufeldes läßt sich durch die Zunahme der Rauhtiefe mit wachsender Schnittzeit erklären; diese bedingt ebenfalls eine Abnahme des Innendurchmessers und darf deshalb nicht unberücksichtigt bleiben. Für die vorliegende Versuchsreihe bei 160 m/min Schnittgeschwindigkeit und 0,08 mm/U Vorschub ergab sich eine Ausgangsrauhtiefe von etwa 4,2 μ . Nach einer Schnittzeit von 34 min war die Rauhtiefe inzwischen auf etwa 6,5 μ angestiegen. Die Differenz zwischen diesen beiden Werten beträgt 2,3 μ und bewirkt immerhin eine zweite zusätzliche Durchmesserabnahme von 4,6 μ . Addiert man diesen Betrag zu der Maßänderung, die in dem Diagramm bei einer Schnittzeit von 34 min gestrichelt eingezeichnet ist, so liegt der endgültige Wert für die theoretisch errechnete Durchmesserabnahme genau im tatsächlich gemessenen Durchmesserstreufeld. Die Streuung des Durchmessers, die im Mittel etwa 5 μ beträgt, ist eng mit der Streuung des Zylindrizitäts-

fehlers verknüpft, der ebenfalls um ca. 4 μ schwankt. Ursachen dieser
Streuungen sind die unterschiedliche Durchbiegung sowie veränderliche
Verlagerungen der Arbeitsspindel und des Meißelsupportes, die ebenfalls
zu Maßänderungen führen, vor allem mit zunehmender Schnittzeit bei höherer Rückkraft. Diese Verformungen und Verlagerungen sind aber von Werkstück zu Werkstück verschieden; hieraus ergibt sich die erwähnte Streuung. Hierüber werden im folgenden Abschnitt im Zusammenhang mit den Ursachen für die Formfehler noch ausführlichere Erläuterungen gegeben.
Ein Einfluß der Werkstückerwärmung auf den Werkstückdurchmesser konnte
nicht festgestellt werden.

Die Durchmesserabnahme innerhalb der Standzeit wurde für verschiedene
Bearbeitungsbedingungen ermittelt und in Abbildung 31 in Abhängigkeit
von Vorschub und Schnittgeschwindigkeit aufgetragen. Hierfür ergibt sich
für alle untersuchten Bedingungen ein Streufeld, das von den beiden
Geraden für die Vorschübe 0,05 und 0,18 mm/U begrenzt ist. Eine eindeutige Abhängigkeit der Durchmesserabnahme für die verschiedenen Vorschübe
konnte nicht ermittelt werden, da die Breite des Streubandes im Diagramm
etwa der Streuung des Werkstückdurchmessers über der Schnittzeit ent-

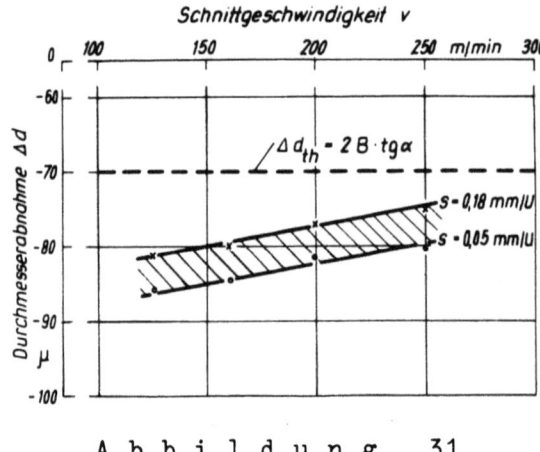

A b b i l d u n g   31

Durchmesserabnahme in Abhängigkeit von den Bearbeitungsbedingungen
innerhalb einer Standzeit

spricht. Der Freiflächenverschleiß des Drehmeißels fällt bei gleichen
Schnittbedingungen von Fall zu Fall unterschiedlich aus, wodurch auch
der Einfluß der Meißeldurchbiegung in der Durchmesserabnahme wirksam
wird. Das gleiche gilt für die Änderung der Rauhtiefe mit der Schnittzeit, die sich trotz gleicher Zerspanbedingungen unterschiedlich gestaltet. Die eingezeichneten Meßpunkte für die beiden extremen Vorschübe

sind Mittelwerte aus verschiedenen Versuchsreihen. Die gestrichelte Gerade in Abbildung 31 bedeutet die errechnete Durchmesserabnahme, die sich aus der zulässigen Verschleißmarkenbreite von 0,2 mm ergibt. Die tatsächliche Durchmesserabnahme ist zum Teil beträchtlich größer. Wie bereits an Hand eines Beispieles nachgewiesen wurde, ist die Differenz zwischen der gemessenen und der theoretischen Maßabnahme hauptsächlich auf die Meißeldurchbiegung infolge der Schnittkraft P_3 und auf den Anstieg der Rauhtiefe mit der Schnittzeit zurückzuführen. Aus dem Diagramm ist zu entnehmen, daß die Durchmesserabnahme mit abnehmender Schnittgeschwindigkeit und kleiner werdendem Vorschub größer wird. Dies ist in erster Linie auf die unterschiedlichen Standzeiten zurückzuführen. Zu kleineren Vorschüben und niedrigen Schnittgeschwindigkeiten wächst die Standzeit sehr stark an, vergleiche Abbildung 24. Nach dem Diagramm in Abbildung 30 wird die Rückkraft mit längeren Schnittzeiten immer größer. Dies hat selbstverständlich eine größere Meißeldurchbiegung zur Folge. Wegen der längeren Schnittzeiten bzw. Standzeiten macht sich der Einfluß der Rückkraft bei kleineren Vorschüben und Schnittgeschwindigkeiten daher stärker bemerkbar. Dagegen hat der Rauhtiefenanstieg auf den Verlauf dieser Kurven kaum einen Einfluß. Er tritt nur in der absoluten Größe der Durchmesserabnahme zutage. Auf die Lage der einzelnen Meßpunkte zueinander wirkt sich der Rauhtiefenanstieg nur wenig aus.

2.33 Ursachen der Formfehler beim Innen-Feindrehen

Die Oberflächengüte feingedrehter Werkstücke wird hauptsächlich von Schnittgeschwindigkeit und Vorschub sowie von der Schneidengeometrie des Drehwerkzeuges bestimmt. Für das Außen-Feindrehen ließ sich auch ein Einfluß der Zerspanbedingungen auf die Formgenauigkeit nachweisen. In erster Linie sind jedoch die Formfehler von der verwendeten Werkzeugmaschine abhängig, insbesondere von den Maschinenteilen, die direkt vom Kraftfluß der Schnittkräfte betroffen werden, durch den sie sich elastisch verformen und gegebenenfalls auch verlagern. Wie sich die Verhältnisse beim Innen-Feindrehen ergaben, soll nun ausführlich behandelt werden.

2.331 Der Zylindrizitätsfehler

Vom Außen-Feindrehen her ist bekannt, daß die Zylindrizitätsfehler den größten Anteil am gesamten Formfehler haben. Dieser Fehler entsteht durch das Zusammenwirken zahlreicher Einflußfaktoren, die im einzelnen sehr schwierig zu erfassen sind. Für das Innen-Feindrehen wurde versucht, wenigstens die Haupteinflüsse meßtechnisch zu erfassen, um die Ursache für die Zylindrizitätsfehler nachweisen zu können. Zunächst gestaltete sich die Ermittlung des Zylindrizitätsfehlers noch recht schwierig. Dies lag daran, daß durch die Einspannung des Werkstückes mit Hilfe einer dreiteiligen Spannzange sowohl Lagefehler zwischen der Innen-Bohrung und der äußeren Mantelfläche entstehen. Zur Messung des Fehlers wird nämlich das Werkstück mit der äußeren Mantelfläche auf dem Tisch des Kegelmeßgerätes gespannt, das in Abbildung 32 gezeigt ist, und mit Hilfe eines Sinus-

Abbildung 32
Ermittlung des Zylindrizitätsfehlers mit Hilfe
eines Kegelmeßgerätes

Lineals zur Aufzeichnung der Mantellinie genau ausgerichtet. Bei den unzulässig hohen Lagefehlern, die zwischen den Kreiszylinderflächen am Werkstück auftraten, mußte mit so hohen Meßfehlern gerechnet werden, daß diese Meßmethode für die vorliegenden Werkstücke ausschied. Außerdem hätte jedes einzelne Werkstück auf dem Sinuslineal ausgerichtet

werden müssen, was einen sehr hohen Zeitaufwand zur Folge gehabt hätte.
Da die Führungsgenauigkeit des Längsschlittens an der Feindrehbank etwa
gleich der des Tisches am Kegelmeßgerät entsprach - der Führungsfehler
war wesentlich kleiner als 1 μ - wurden die Zylindrizitätsfehler direkt
auf der Werkzeugmaschine am eingespannten Werkstück gemessen. Hierzu
wurde der Feintaster durch einen Meßständer mit dem Längsschlitten starr
verbunden. Das Prinzip der Meßanordnung gibt Abbildung 33 wieder. Aus
der Prinzipskizze ist klar ersichtlich, daß auch bei Einspannfehlern
des Werkstückes die Lagefehler das Meßergebnis nicht beeinträchtigen.
Durch die Verwendung eines elektrischen Feintasters, der die Bohrung des
Werkstückes mittels eines Federgelenkes abtastet, und eines Schreibgerätes, konnten die Mantellinien der Probe sofort aufgeschrieben werden.
Es wurden jeweils zwei gegenüberliegende Mantellinien abgetastet, um
den Gesamtzylindrizitätsfehler bestimmen zu können. Da es möglich ist,
an dem Federgelenk die Meßkraft umzukehren, brauchte lediglich die Meßeinrichtung verschoben zu werden, wobei sich an der Lage des Werkstückes
zur Abtastrichtung nichts änderte. Die verwendete Meßeinrichtung ist in
Abbildung 34 nochmals durch ein Foto veranschaulicht.

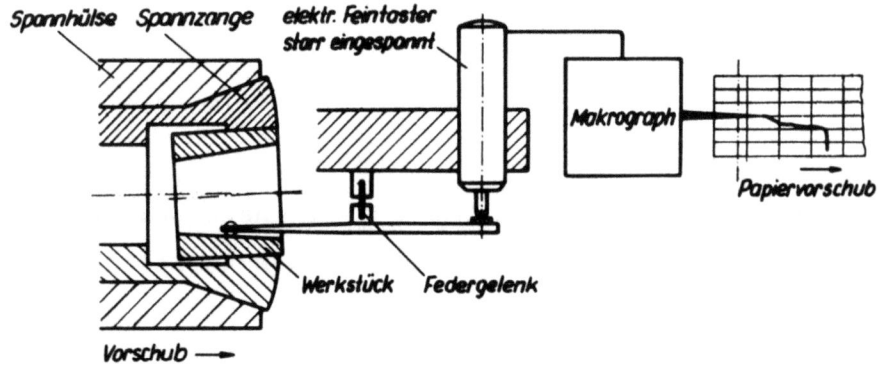

A b b i l d u n g   33
Meßanordnung zur Ermittlung des Zylindrizitätsfehlers
an der Feindrehbank

Die Untersuchungen beim Außen-Feindrehen hatten als Ursachen für den
Zylindrizitätsfehler am Werkstück folgende drei Hauptgründe ergeben:

1. die Erwärmung von Werkstück und Werkzeug über dem Schnittweg
2. die elastische Verformung von Spindel, Werkstück und Reitstock und
3. der Schneidkantenversatz am Drehmeißel.

Im Gegensatz zum Außen-Feindrehen konnte bei den Untersuchungen für das Innen-Feindrehen kein Einfluß der Zerspanbedingungen auf den Zylindrizitätsfehler festgestellt werden. Bei allen Versuchsreihen, die mit unterschiedlichen Bearbeitungsbedingungen durchgeführt wurden, ergab sich eine Streuung des Zylindrizitätsfehlers von maximal 4 µ , die sich auch mit zunehmender Schnittzeit des Drehwerkzeuges bis zum Standzeitende

A b b i l d u n g   34
Meßeinrichtung zur Bestimmung des Zylindrizitätsfehlers

nicht veränderte. Diese Zylindrizitätsfehler, insbesondere aber die Streuung des Fehlers, wurde für die vorliegenden Werkstückabmessungen als zu hoch befunden. Bei dem relativ kurzen Schnittweg je Werkstück war die Ursache des Fehlers keineswegs im Schneidkantenversatz des Drehmeißels zu suchen, vor allem nicht im mittleren Standzeitbereich, wo der Meißelverschleiß noch sehr gering ausfällt. Die zweite Möglichkeit, daß die Erwärmung des Werkstückes infolge der Schneidtemperatur an der Meißelspitze die Fehlerursache darstellte, konnte ebenfalls nicht nachgewiesen werden. In verschiedenen Stichversuchen erbrachte die Werkstückerwärmung einen maximalen Zylindrizitätsfehler von 1 µ . Lediglich aus der Verformung der Spindel infolge der Rückkraft ließ sich ein Teil des Zylindrizitätsfehlers bestimmen. Unklar blieb allerdings zunächst, wo die Ursache für die Streuung des Formfehlers begründet war.

Da im vorderen Gleitlager der Arbeitsspindel nahe dem eingespannten Werkstück ein Lagerspiel von ungefähr 22 µ festzustellen war und das Lager hydrodynamisch geschmiert wurde (Tropfschmierung), lag die Vermutung nahe, daß sich die Spindel unter der Wirkung der Rückkraft nicht nur elastisch verformte, sondern zusätzlich auch noch verlagerte. Um diese Annahme bestätigt zu finden, wurden die Verlagerungen der Spindel während des Drehens bzw. beim Anschnitt des Meißels direkt vor dem ersten Gleitlager nahe der Werkstückaufnahme in vertikaler und horizontaler Richtung ermittelt. Die Meßanordnung zur Bestimmung der Spindelverlagerung zeigt Abbildung 35.

A b b i l d u n g   35
Meßanordnung zur Bestimmung der vertikalen und horizontalen Spindelverlagerungen

Für die Verlagerungsmessungen wurden berührungslos arbeitende, induktive Wegaufnehmer verwendet, die am Spindelkasten befestigt wurden. Die in Abbildung 35 deutlich sichtbare Schutzkappe vor dem Spindellager wurde auf etwa 1,5 µ rund geschliffen, da an ihr die Verlagerung der Spindel gemessen werden sollte. Die Wegaufnehmer wurden über eine Meßbrücke und einen Verstärker an einen Schreiber angeschlossen, der die Verlagerungen der Spindel kontinuierlich aufzeichnete. Dabei erwies es sich als notwendig, zwischen die Meßbrücken und dem Schreiber zwei Tiefpässe (Frequenzfilter) einzuschalten, welche die hohen Frequenzen, die sich aus Spindeldrehzahl und Rundlauffehler der Schutzkappe ergeben, unterdrückten. In Abbildung 36 ist das Blockschaltbild der Meßeinrichtung schematisch wiedergegeben.

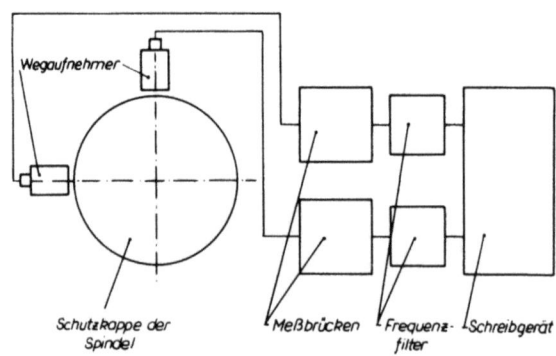

Abbildung 36
Blockschaltbild zur Verlagerungsmessung an einer Drehbankspindel

Ferner wurden gleichzeitig die Verlagerungen des Drehbankschlittens sowie des Supportes gemessen und kontinuierlich aufgezeichnet, um jede Verlagerung der am Zerspanungsvorgang beteiligten Maschinenteile zu erfassen. Hierzu wurde an den entsprechenden Meßstellen eine definierte Bezugsfläche in Form eines Endmaßes eingespannt, an der die Verlagerung während der Bearbeitung ermittelt wurde. Die Meßstelle für die Schlittenverlagerung ist in Abbildung 37 in einem Foto festgehalten.

Abbildung 38 zeigt die gesamte Meßanordnung einschließlich des Schreibers, mit dem sowohl Schriebe der Verlagerungen des Meißelsupportes als auch der Werkstückform aufgezeichnet wurden. Wie bereits erwähnt, entsteht ein Teil des Zylindrizitätsfehlers infolge der elastischen Durchbiegung der Arbeitsspindel unter der Wirkung der Rückkraft P_3. Um diesen Anteil bestimmen zu können, muß die Federsteife der Spindel bekannt sein. In Abbildung 39 ist die Federkennlinie der Spindel darge-

Abbildung 37

Verlagerungsmessung an der Rückseite des Längsschlittens
einer Drehbank

Abbildung 38

Gesamtansicht der Meßanordnung zur Verlagerungsmessung von
Drehbankspindel und Support

stellt. Die auf diese Weise gemessene Spindelsteife beträgt etwa 2 kg/μ.
Zur Kontrolle wurde die Federkennzahl rechnerisch ermittelt. Beide Werte
stimmen recht gut überein. Setzt man beispielsweise eine Rückkraft von
5,5 kg voraus, so biegt sich die Spindel bei der gemessenen Federsteife
von 2 kg/μ um etwa 2,8 μ durch. Diese Verformung hat umgerechnet auf
die Werkstücklänge einen Zylindrizitätsfehler von etwa 2,2 μ zur Folge.

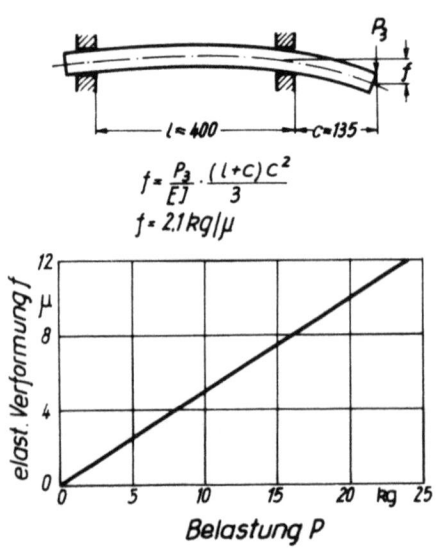

A b b i l d u n g   39
Starrheitsschaubild einer Drehbankspindel

Das Starrheitsschaubild gibt gleichzeitig auch Aufschluß über die Größe
von Form- und Maßfehlern die durch größere Schnittkraftschwankungen
auftreten können. Eine Schnittkraftänderung von 1 kg beispielsweise bedingt
einen Formfehler und Maßfehler in etwa der gleichen Größe, nämlich
von 1 μ. Die relativ große Streubreite der gemessenen Durchmesser nach
Abbildung 27 läßt darauf schließen, daß von Werkstück zu Werkstück die
Schnittkraft nicht nur zunimmt sondern auch stark variiert.

Der Einfluß der horizontalen und vertikalen Verlagerung der Drehbankspindel
ergibt sich aus Abbildung 40. Hier sind die Verlagerungen der
Spindel in Abhängigkeit vom Vorschub für verschiedene Schneidenabrundungen
bei einer mittleren Schnittgeschwindigkeit von 160 m/min dargestellt.
Aus dem Diagramm geht hervor, daß die horizontale Spindelverlagerung
sehr stark von Vorschub und Meißelradius beeinflußt wird. Mit
größer werdender Schneidenabrundung und zu höheren Vorschüben hin nimmt
die Spindelverlagerung zu.

Diese Erscheinung ist darauf zurückzuführen, daß mit steigendem Vorschub und größer werdendem Schneidenradius die Rückkraft sehr schnell anwächst. Unter dieser Kurvenschar ist noch eine gestrichelte Gerade eingezeichnet, die Aufschluß über die vertikalen Verlagerungen der Spindel gibt. Diese steigen mit zunehmendem Vorschub ebenfalls an. Eine Abhängigkeit vom Schneidenradius läßt sich hierbei nicht nachweisen. Die Ursache ist darin zu suchen, daß die Hauptschnittkräfte nicht in der Lage sind, das Eigengewicht der Spindel, das der Schnittkraft wie eine Vorlast entgegenwirkt, soweit zu überwinden, daß der Einfluß der Meißelradien deutlich

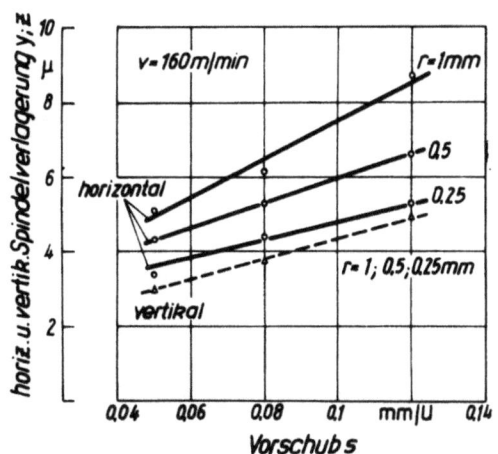

A b b i l d u n g   40
Horizontale und vertikale Spindelverlagerung beim
Innen-Feindrehen

sichtbar wird. Zur Messung der Spindelverlagerung soll an dieser Stelle auf eine Meßschwierigkeit besonderer Art hingewiesen werden. Da die Verlagerung der Spindel nicht genau in der Mitte des Lagers sondern nur vor dem Lager ermittelt werden konnte, geht in diese Verlagerungsmessung notgedrungen auch ein gewisser Anteil der Spindeldurchbiegung ein, der in der Auswertung der Meßergebnisse weitgehend berücksichtigt worden ist. Die angegebenen Werte in Abbildung 40 gelten also nur für die Spindelverlagerung. Bei der Untersuchung der Spindelverlagerung bestätigten sich wiederum die Ergebnisse früherer Versuche, bei denen die horizontale und vertikale Verlagerung der Spindel beim Anlaufen auf bestimmte Drehzahlen ermittelt wurde. Bei diesen Untersuchungen befand sich der Drehmeißel nicht im Eingriff. Die damaligen Versuche zeigten keine nennenswerten horizontalen Verlagerungen der Spindel, während sich die

Spindel dagegen vertikal im Mittel etwa um 5 μ anhob. Für den Fall, daß mit einem Schneidenradius von 0,5 mm einem Vorschub von 0,08 mm/U feingedreht wird, hebt sich die Spindel nach Abbildung 40 zusätzlich um etwa 4 μ an. Bei einem Lagerspiel von rund 22 μ befindet sich die Spindelachse demnach fast in Höhe des Lagermittelpunktes. Die vertikale Spindelverlagerung hat auf den Zylindrizitätsfehler keinen nennenswerten Einfluß.

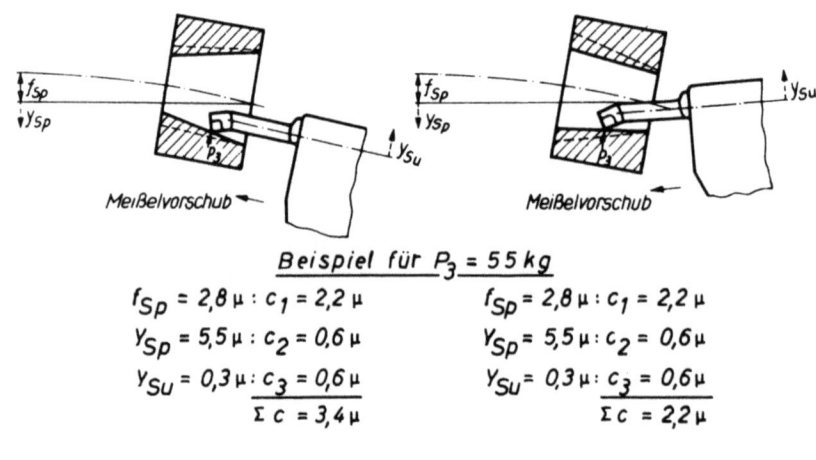

A b b i l d u n g   41

Entstehung des Zylindrizitätsfehlers beim Innen-Feindrehen

In welcher Weise die Durchbiegung und Verlagerung der Drehbankspindel den Zylindrizitätsfehler des Werkstückes entstehen lassen, ist in Abbildung 41 schematisch wiedergegeben. Hierin sind die elastischen Verformungen mit f und die Verlagerungen mit y gekennzeichnet. Im linken Teil der Darstellung ist der Längsschlitten mit dem Support zur Spindelachse so ausgerichtet, daß sich eine zum Spindelstock enger werdende Bohrung ergibt. Die Rückkraft sei wieder mit 5,5 kg angenommen. Sie bewirkt eine elastische Verformung der Spindel von 2,8 μ. Diese Durchbiegung ergibt den Zylindrizitätsfehler $c_1 = 2,2$ μ. Ferner verlagert sich die Spindel unter dem Einfluß der Rückkraft noch um 5,5 μ, wodurch ein zusätzlicher Fehler von 0,6 μ verursacht wird. Ohne jeden anderen Einfluß würde der Drehmeißel die gestrichelt eingezeichnete Bohrung ausdrehen. Hinzu kommt aber noch eine Verlagerung des Supports beim Meißelanschnitt von 0,2 bis 0,6 μ und während des Drehens eine weitere Verlagerung in Form einer Kriechbewegung im Mittel von 0,3 μ ; hieraus erfolgt

die dritte Fehlerkomponente von ebenfalls 0,6 µ . Durch die Addition der
Einzelfehler erhält man rechnerisch einen Gesamtzylindrizitätsfehler von
3,4 µ . Bei dieser Berechnung des Zylindrizitätsfehlers wurde zur Vereinfachung angenommen, daß die Durchbiegung der Spindel über dem Meißelweg
konstant bleibt, sowie die Verlagerungen von Spindel und Support sich
während des Drehens nicht verändern. Im rechten Teil der Abbildung findet man den anderen Fall, daß durch eine entsprechende Tischausrichtung
die Werkstückbohrung reitstockseitig enger wird. Bei dieser Einstellung
heben sich die beiden Fehler, die durch Verlagerungen von Spindel und
Support erzeugt werden, gerade auf, und der Zylindrizitätsfehler errechnet sich zu 2,2 µ .

Die Verlagerungen des Längsschlittens, die in Form einer Sinusbewegung
erfolgt, hat keinen Einfluß auf den Zylindrizitätsfehler. Der Längsschlitten bewegt sich quer zur Vorschubeinrichtung um etwa 0,2 bis 0,3 µ.
Diese Bewegung wirkt sich lediglich in der Feingestalt der Oberfläche
aus, hier erscheint die Tischbewegung als Oberflächenwelligkeit wieder.

Die Frage, warum sich die Spindel überhaupt verlagert, ist bisher ungeklärt geblieben. Der Grund hierzu kann in der hydrodynamischen Schmierung der Lagerstellen zu suchen sein, daß der Ölfilm dem Schnittdruck
nicht den erforderlichen Widerstand entgegenzusetzen vermag. On eine
hydrostatische Schmierung zur Erzielung einer besseren Formgenauigkeit
beitragen würde, müßte bei geeigneter Gelegenheit nachgeprüft werden.

Die Schwankung des Zylindrizitätsfehlers und das Streufeld der Durchmesserabnahme erklärt sich daraus, daß die Durchbiegung und die Verlagerung von Spindel und Meißelsupport von Werkstück zu Werkstück sehr
unterschiedlich ausfallen. Vor allem sind die Verlagerungen von Spindel
und Support während des Zerspanvorganges sehr unregelmäßig und unterschiedlich. Aber gerade die Verlagerungen während des Drehens sind von
entscheidender Bedeutung, da sie in doppelter Größe in den Zylindrizitätsfehler und auch in die Maßgenauigkeit eingehen. Hierfür konnte keine
Gesetzmäßigkeit nachgewiesen werden. Diese Einflüsse sind von den Zerspanbedingungen unabhängig. Ein Einfluß der Werkstücktemperatur konnte
auch auf den Zylindrizitätsfehler nicht ermittelt werden. Dies mag
darauf zurückzuführen sein, daß durch die Spannhülse und Spannzange,
die das Werkstück auf dem Umfang eng umschließt, die auftretende Schneidtemperatur sehr rasch ableiten und nicht zur Geltung kommen lassen. Der

größte Zylindrizitätsfehler, der durch eine Werkstückerwärmung überhaupt festgestellt wurde, betrug etwa 1 µ . Zusammenfassend können als Gründe für die Entstehung des Zylindrizitätsfehlers beim Innen-Feindrehen folgende Ursachen angeführt werden:

1. Die Durchbiegung der Arbeitsspindel infolge der Rückkraft,
2. die Verlagerung der Arbeitsspindel durch die Rückkraft und
3. die Verlagerung des Supportes unter Wirkung der Rückkraft.

Die Streuung des Zylindrizitätsfehlers ist in der Hauptsache auf unkontrollierbare Verlagerungen von Spindel und Meißelsupport zurückzuführen, die von Werkstück zu Werkstück sehr verschieden sind, d.h. also in erster Linie maschinenbedingt.

Bei der günstigsten Maschineneinstellung kann demnach eine Formgenauigkeit hinsichtlich der Zylindrizität der Werkstücke von $\pm$ 2 µ erreicht werden.

2.332 Der Kreisformfehler

Bekanntlich sind die Abweichungen von der ideal-geometrischen Kreisform bei feinbearbeiteten Werkstücken sehr gering. Zur genauen Bestimmung des Kreisformfehlers wurden die Werkstücke mit Hilfe des Rundheitsmeßgerätes "Talyrond" ausgemessen, wie in Abbildung 42 wiedergegeben ist. Die Arbeitsweise dieses Meßgerätes wurde bereits in Abschnitt 1.22 dieses Berichtes ausführlich beschrieben.

Für den Kreisformfehler ergab sich unabhängig von den Bearbeitungsbedingungen im Mittel ein Fehler von etwa 1,4 µ . Dieser Fehler ist in erster Linie durch die Aufnahme des Werkstückes bedingt, die mittels einer dreiteiligen Spannzange erfolgt. Wie in Abbildung 43 gezeigt, wird das Werkstück beim Spannen unter der Wirkung der drei um 120° versetzt angreifenden Spannkräfte elastisch verformt. Nach dem Feindrehen federt das Werkstück um den entsprechenden Betrag zurück und weitet sich zu einem Dreipunkt-Gleichweit auf. Der absolute Kreisformfehler ist dabei verständlicherweise sehr stark abhängig von der jeweils aufgebrachten Spannkraft, die von Hand eingestellt wird und deshalb auch von Werkstück zu Werkstück unterschiedlich ausfällt. Bei dem in Abbildung 43 wiedergegebenen Profilschrieb mit 4000facher Radialvergrößerung wurde zur besseren Sichtbarmachung der Fehler-Formgestalt das Werkstück mit einer besonders hohen Spannkraft gespannt, wobei ein Fehler von maximal 2,5 µ ermittelt wurde.

A b b i l d u n g   42

Ermittlung des Kreisformfehlers eines Bohrungs-Normwerkstückes auf
dem Rundheitsmeßgerät "Talyrond"

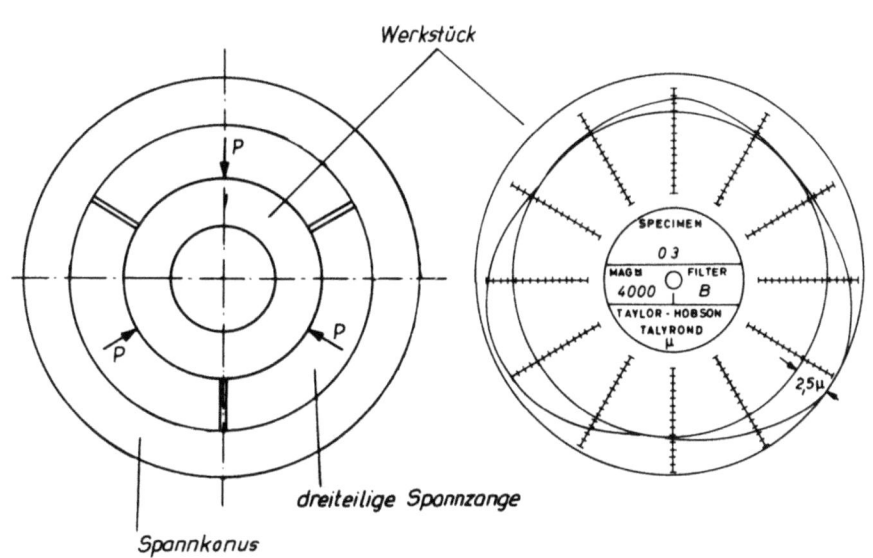

A b b i l d u n g   43

Entstehung des Kreisformfehlers durch elastische Verformung beim
Spannen in dreiteiliger Spannzange

Um den Einfluß der punktförmig angreifenden Spannkräfte zu verringern, wurde die dreiteilige, geschlitzte Spannzange gegen eine ungeteilte Spannhülse ausgetauscht, die das Werkstück auf dem gesamten Umfang radial spannte. Durch diese Maßnahme konnte der Kreisformfehler auf etwa 0,4 µ reduziert werden. Aber auch bei Verwendung dieser Einspannung zeigte sich keine Abhängigkeit des Rundheitsfehlers von den Zerspanbedingungen. Der Kreisformfehler in dieser Größe wird verursacht von den Kreisformfehlern der Spannhülse, innen und außen, die kleiner als 0,2 µ waren, und durch den Rundheitsfehler der Aufnahme für die Spannhülse; dieser Fehler betrug ebenfalls etwa 0,3 µ . Setzt man voraus, daß die äußere Kreiszylinderfläche der Werkstücke ebenfalls nicht genügend genau rund ist, so ergibt sich zwangsläufig beim Spannen wieder eine Verformung des Werkstückes, da die Spannhülse zunächst nicht auf dem gesamten Werkstückumfang trägt. Nach dem Feindrehen und Ausspannen des Werkstückes federt dieses in die Ausgangsform zurück. An Hand einiger unrunder Werkstücke konnte nachgewiesen werden, daß sich der Kreisformfehler der äußeren Kreiszylinderfläche auf die Werkstückbohrung in fast voller Höhe übertrug.

Die Untersuchungen über den Kreisformfehler zeigten, daß durch die Verwendung einer ungeteilten Spannhülse der Kreisformfehler um etwa 75 % verbessert werden konnte. Die Versuche lassen erkennen, daß sowohl die Formgestalt des Rundheitsfehlers als auch seine absolute Größe bei der Innen-Bearbeitung weitgehend von der Art der Werkstückeinspannung und deren Formfehler abhängig ist. Die Fehlerquellen müssen demnach bei der Fertigung in der Praxis von Fall zu Fall gesondert betrachtet und berücksichtigt werden, wenn man eine hohe Kreisformgenauigkeit erzielen will. Da bei den vorliegenden Versuchen die auftretenden Kreisformfehler im Hinblick auf die ermittelten Zylindrizitätsfehler erheblich geringer sind, wurde im Rahmen dieser Untersuchungen auf eine eingehendere Behandlung dieses Problems verzichtet.

2.4 Fertigungskosten beim Innen-Feindrehen

Mit diesen Versuchsergebnissen liegen die Abhängigkeiten der Formfehler, Durchmesseränderungen und Oberflächenrauhtiefe von den Bearbeitungsbedingungen vor. Sie sind in geschlossener Darstellung in Abbildung 44 wiedergegeben.

Nach Diagramm a ergibt sich für alle Zerspanbedingungen ein konstanter Zylindrizitätsfehler von 2 µ . Hierbei ist vorausgesetzt, daß eine entsprechende Einstellung der Werkzeugmaschine den Wert für die Streuung des Zylindrizitätsfehlers von 4 µ auf die Hälfte reduziert; hierdurch streut dieser Formfehler um $\pm$ 2 µ um den Nullpunkt. Dies bedeutet aber nichts anderes, als daß die Bohrung der Werkstücke je nach Verformung und Verlagerung der beteiligten Maschinenteile entweder spindelstockseitig oder reitstockseitig enger wird.

Diagramm b zeigt den Kreisformfehler bei Verwendung einer dreiteiligen, geschlitzten Spannzange und einer ungeteilten Spannhülse. Der Rundheits-

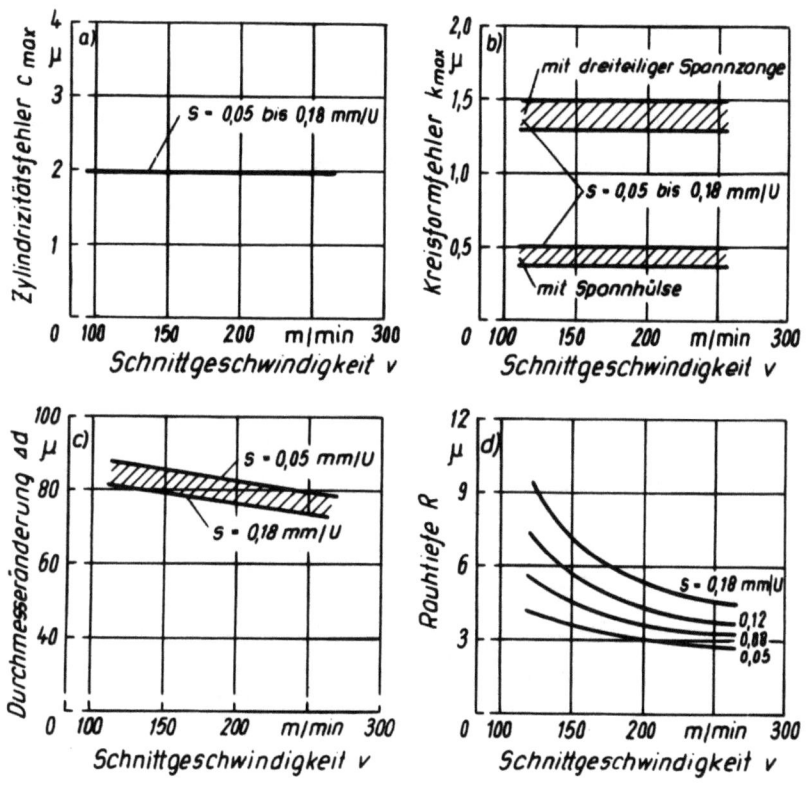

Abbildung 44

Form, Maß und Oberflächengüte in Abhängigkeit von Schnittgeschwindigkeit und Vorschub für das Innen-Feindrehen

fehler ist unabhängig von den Zerspanbedingungen, wie bereits erwähnt wurde. Da dieser Fehler insbesondere bei Verwendung der geschlossenen Spannhülse wesentlich kleiner ist als der Zylindrizitätsfehler, kann er bei der Betrachtung der Formfehler unberücksichtigt bleiben.

In Diagramm c wurde im Gegensatz zur Abbildung 31 die Durchmesserabnahme als Durchmesseränderung positiv aufgetragen, um die Geschlossenheit der gesamten Darstellung nicht zu stören. Ergänzend ist in Diagramm d die Rauhtiefe in Abhängigkeit von den Bearbeitungsbedingungen wiedergegeben.

Für die erzielten Form- und Maßgenauigkeiten sowie die Oberflächengüte soll nun untersucht werden, wie sich die Fertigungskosten bei den einzelnen Zerspanbedingungen verhalten. Hierzu wurden die Fertigungskosten in Abhängigkeit von Vorschub und Schnittgeschwindigkeit errechnet. Die erforderliche Kostengleichung wurde bereits im ersten Forschungsbericht abgeleitet [15]. Der Verlauf der Fertigungskosten für verschiedene Vorschübe und Schnittgeschwindigkeiten sind in Abbildung 45 graphisch aufgetragen. Die Kostenkurven verlaufen sehr flach; der Anstieg der Fertigungskosten zu kleineren Vorschüben hin ist geringer als beim Außen-Feindrehen. Die Fertigungskosten setzen sich zusammen aus den Fertigungslohnkosten, den Werkzeugkosten, den Maschinenkosten und den Restgemeinkosten. Hierbei sind die Werkzeugkosten je Vorschub konstant, da die zu bearbeitende Fläche unabhängig von der Schnittgeschwindigkeit ist. Diejenigen Fertigungslohnkosten, die sich aus der Nebenzeit ergeben, sind konstant,

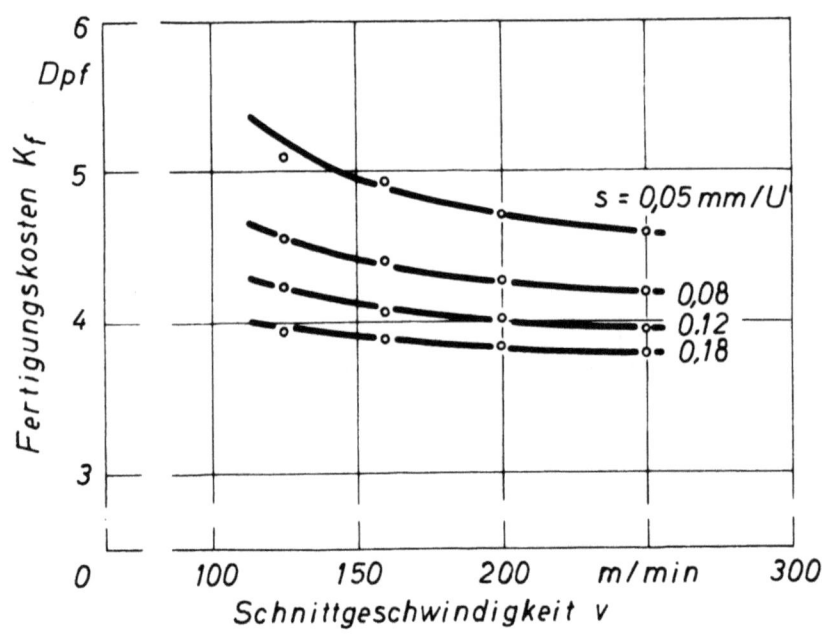

A b b i l d u n g 45

Fertigungskosten je Werkstück beim Innen-Feindrehen

während die veränderlichen Fertigungslohnkosten sich aus der Hauptzeit und Werkstückwechselzeit errechnen.

Mit diesen Kostenkurven lassen sich die Fertigungskosten als Funktion von Form, Maß und Oberflächengüte auftragen, wie in Abbildung 46 darge-

stellt ist. Im Hinblick auf die erzielbare Oberflächenrauheit ergibt
sich die kostengünstigste Schnittgeschwindigkeit zu v = 250 m/min. Hierbei
ist die Wahl des Vorschubes von der geforderten Oberflächenrauheit
abhängig.

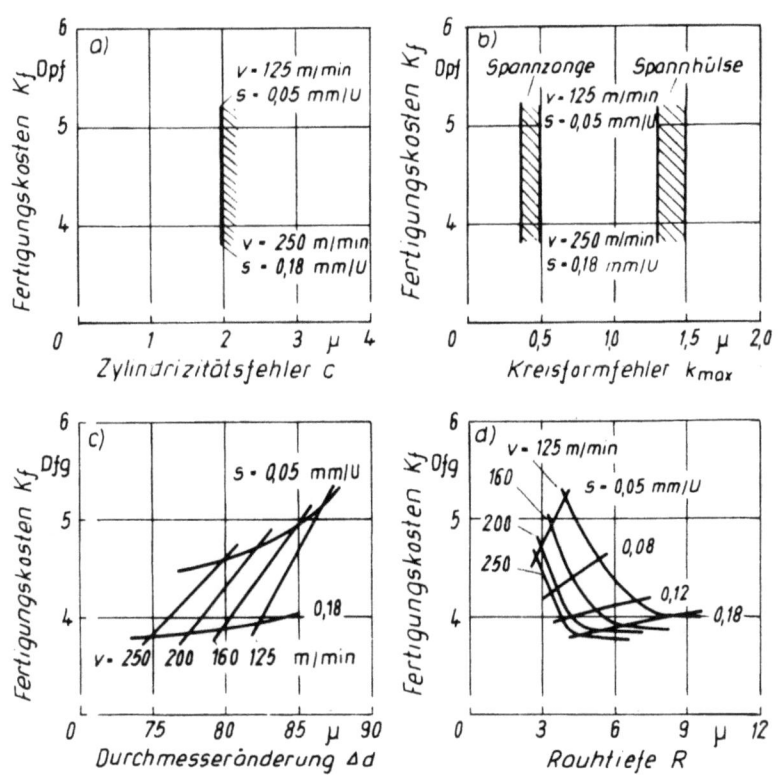

A b b i l d u n g 46
Fertigungskosten als Funktion von Form, Maß und Oberflächengüte
beim Innen-Feindrehen

Wie bereits gesagt, nehmen die Zerspanbedingungen keinen Einfluß auf die
erzielbare Formgenauigkeit (Diagramm a und b). Deshalb ist für die Wahl
der anzuwendenden kostengünstigsten Schnittbedingungen neben der geforderten
Oberflächenrauheit nur noch die zulässige Durchmesserstreuung
von Bedeutung.

In Diagramm c sind die Fertigungskosten über der Durchmesseränderung
aufgetragen. Nach Abbildung 31 ergab sich für die Durchmesserabnahme
für alle Bearbeitungsbedingungen ein Streufeld von etwa 13 μ , das durch
die Durchmesseränderungen für die Vorschübe 0,05 und 0,18 mm/U begrenzt
wird. Für diese beiden Vorschübe sind die Fertigungskosten über der
Durchmesseränderung aufgetragen. Trotz einer Erhöhung der Fertigungs-

kosten zeigt sich kein nennenswerter Einfluß. Demnach ist es wirtschaftlich, mit einer Schnittgeschwindigkeit von 250 m/min feinzudrehen, wie sie sich aus Diagramm d als am günstigsten ergeben hatte.

Dabei kann der Vorschub so groß gewählt werden, wie es die geforderte Rauhtiefe erlaubt. Die Diagramme c und d lassen erkennen, daß man möglichst mit Vorschüben arbeiten soll, die oberhalb von 0,08 mm/U liegen.

Nach Diagramm c beträgt die Durchmesseränderung über der Standzeit des Drehwerkzeuges bis maximal etwa 85µ. Da aber beim Feindrehen meist kleine Toleranzen eingehalten werden müssen, ist ein häufiges Nachstellen des Drehwerkzeuges nicht zu vermeiden. Beim Innen-Feindrehen ist es jedenfalls nicht möglich, durch eine andere Wahl der Schnittbedingungen die Durchmesseränderungen spürbar zu beeinflussen. Für das erforderliche Nachstellen des Drehwerkzeuges soll nun untersucht werden, wie sich die Fertigungskosten in Abhängigkeit von den geforderten Durchmessertoleranzen verhalten. Hierbei ist die erreichbare Maßgenauigkeit, also das kleinste einzuhaltende Toleranzfeld, abhängig von der Streuung des Werkstückdurchmessers über der Schnittzeit des Drehwerkzeuges und von der Nachstellgenauigkeit. Für alle Schnittbedingungen wurde eine Durchmesserstreuung von etwa 5µ ermittelt. Die Nachstellgenauigkeit des Drehmeißels betrug $\pm$ 2,5µ auf den Werkstückdurchmesser bezogen. Bei der Kostenrechnung wird vorausgesetzt, daß vor und nach dem Nachstellen des Werkzeuges die Werkstückdurchmesser ermittelt werden.

Eine weitere Einschränkung des zur Verfügung stehenden Toleranzfeldes erfolgt durch die auftretenden Formfehler, wobei nur der Zylindrizitätsfehler berücksichtigt werden muß, wenn mit einer einteiligen Spannhülse gearbeitet wird.

Die Fertigungskosten, die sich bei verschiedenen zulässigen Toleranzbereichen unter Berücksichtigung der Nachstellung des Drehwerkzeuges sowie der Formfehler ergeben, sind für zwei Vorschübe und die entsprechenden Schnittgeschwindigkeiten in Abbildung 47 aufgetragen.

Aus den Resttoleranzen, die sich für jeden geforderten Toleranzbereich ergeben, lassen sich die erforderlichen Nachstellungen innerhalb einer Standzeit berechnen. Die Zeit zur Bestimmung des Werkstückdurchmessers wurde mit Hilfe einer Zeitstudie zu 0,17 min ermittelt. Diese Zeit war in der Kostenrechnung zu berücksichtigen, wenn die Hauptzeit für die Durchmessermessung nicht ausreicht. Für den Vorschub von 0,05 mm/U entstehen praktisch keine zusätzlichen Kosten für das Messen, da die

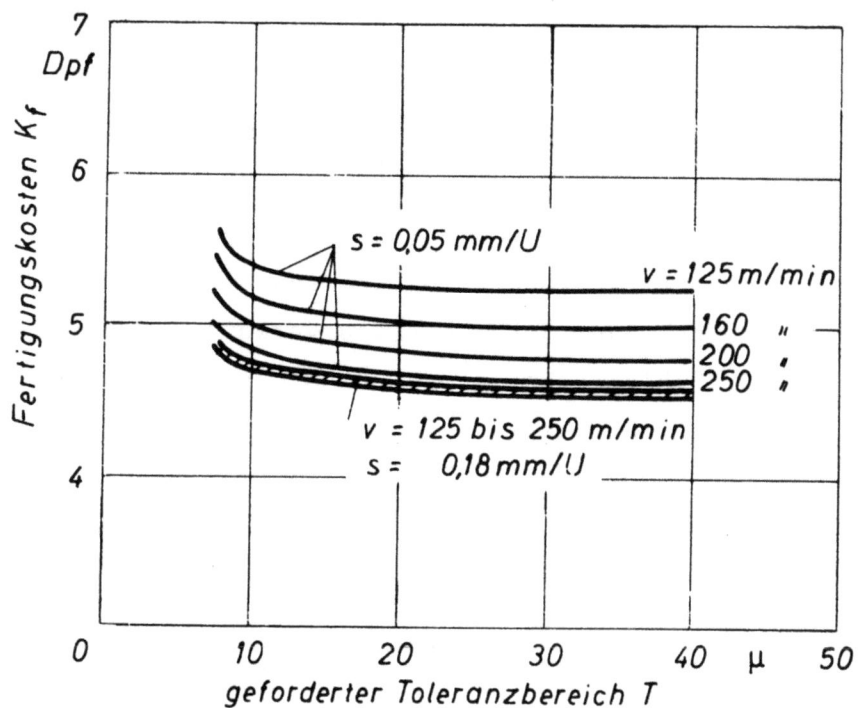

Abbildung 47

Fertigungskosten je Werkstück und geforderter Toleranzbereich beim Innen-Feindrehen

Hauptzeit ausreichend groß ist. Die Kosten für das Nachstellen des Drehmeißels bleiben bis zu einer zulässigen Toleranz von 20 µ sehr gering. Erst unterhalb dieser Maßtoleranz steigen die Kosten an, da das Resttoleranzfeld gegen Null geht. Unterhalb von 8 µ muß von jedem Werkstück das Werkzeug nachgestellt werden. Bei dem großen Vorschub von 0,18 mm/U wird die Hauptzeit dagegen sehr kurz, insbesondere bei hohen Schnittgeschwindigkeiten. Deshalb muß hier vor allem die Meßzeit für die Durchmesserbestimmung berücksichtigt werden. Dadurch fallen die Kostenkurven für alle Schnittgeschwindigkeiten sehr eng zusammen.

3. Außenrund-Einstechschleifen

3.1 Allgemeine Begriffsbestimmung für das Schleifen

Der Ausschuß "Feinbearbeitung" hat für das Schleifen folgende Definition vorgeschlagen:

Schleifen ist das Spanen mit einem vielschneidigen Werkzeug aus gebundenem Korn mit hoher Schnittgeschwindigkeit unter ständiger

Berührung zwischen Werkstück und Werkzeug zur Verbesserung von Form, Maß, Lage und Oberfläche.

Die Oberflächen weisen beim Umfangsschleifen parallele, aussetzende Rillen auf. Oberflächencharakter B 1a nach DIN 4761.

Das Einstechschleifen weist gegenüber dem Längsschleifen einige wesentliche Unterschiede auf. Während beim Längsschleifen die Zustellung der Schleifscheibe pro Hub oder Doppelhub des Werkstückes erfolgt, geschieht die Zustellung der Schleifscheibe beim Einstechschleifen kontinuierlich, wobei Schleifscheibe und Werkstück im allgemeinen parallel zueinander keine Längsbewegung ausführen. Vielfach wird beim Einstechverfahren jedoch eine kleine Oszillationsbewegung der Schleifscheibe gewünscht, damit die Schleifkörner während des Schleifens nicht immer an der gleichen Stelle der Werkstückoberfläche zum Eingriff kommen. Hierdurch verspricht man sich eine bessere Oberflächengüte und einen gleichmäßigeren Verschleiß der Schleifscheibe. Die Bewegungsverhältnisse beim Einstechschleifen sind in Abbildung 48 schematisch dargestellt. Beim Einstechschleifen arbeitet man meist mit einer wesentlich größeren Zerspanleistung als beim Längsschleifen, wodurch auch die Wirtschaftlichkeit des Einstechens begründet ist. Das Verfahren wird vornehmlich dort angewen-

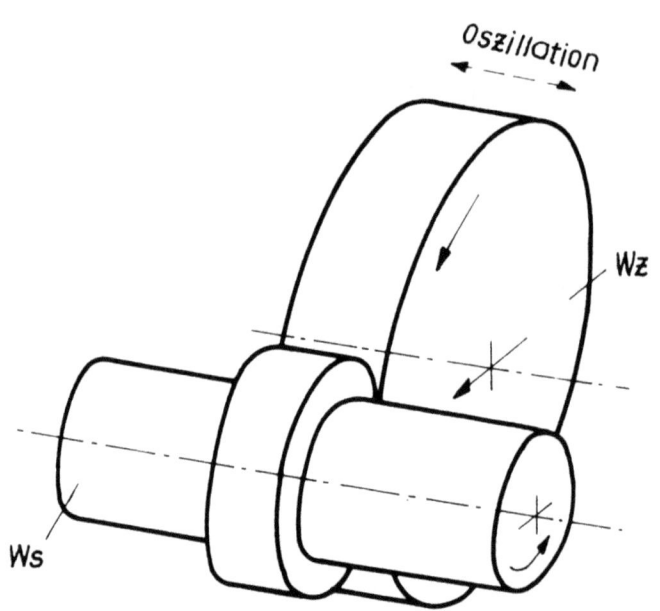

A b b i l d u n g   48
Schematische Darstellung des Außenrund-
Einstech-Schleifverfahrens

det, wo kürzere Werkstücklängen bearbeitet werden müssen, wie beispielsweise Bunde, Wellenlagersitze, Wellenzapfen und dergleichen mehr. Voraussetzung hierbei ist, daß die Schleifscheibenbreite mindestens gleich der zu bearbeitenden Werkstücklänge ist.

3.2 Oberflächengüte, Form- und Maßgenauigkeit beim Einstechschleifen

Für das Einstechschleifen wurde nun ebenfalls der Einfluß der Bearbeitungsbedingungen auf Oberflächengüte, Form- und Maßgenauigkeit untersucht. Als Versuchswerkstücke dienten Vollzylinder-Normproben von 30 mm Durchmesser und 60 mm Bearbeitungslänge aus dem Vergütungswerkstoff Ck 45 mit einer Festigkeit von etwa 65 kg/mm^2. Das Versuchswerkstück ist in Abbildung 49 dargestellt. Bei allen Versuchsreihen wurde den Werkstücken in ausreichendem Maße als Kühlmittel eine Emulsion im Mischungsverhältnis von 1:60 als Kühlmittel zugeführt.

Die für das Längsschleifen benutzte Werkzeugmaschine konnte für das Einstechschleifen leider nicht verwendet werden, da diese Maschine für die beim Einstechen auf 60 mm Werkstücklänge erforderliche Leistung nicht ausgelegt war. Ferner mußte wegen der großen Schnittkräfte, die beim Einstechschleifen auftreten, mit entsprechend hohen Verformungen an dieser Maschine gerechnet werden, welche die Untersuchungen unnötig erschwert hätten.

Aus diesem Grunde wurden die Versuche auf einer Rundschleifmaschine Fortuna USE 1000 durchgeführt, deren Schleifspindeldrehzahl stufenlos verstellbar eingerichtet war. Ebenso erfolgte die Einstellung von Tischgeschwindigkeit und Einstechzustellung stufenlos, der Antrieb geschah hydraulisch. Die Werkstückdrehzahl dagegen konnte nur in acht Stufen verändert werden. Die Werkstücke wurden mit einer Schleifscheibe EK 60 L von 80 mm Scheibenbreite geschliffen. Die Schleifscheibe wurde vor dem Schleifen statisch ausgewuchtet und mit einer Tischgeschwindigkeit von v_{1A} = 168 mm/min (entsprechend 0,1 mm/U der Schleifscheibe) abgerichtet. Hierbei wurde der Abrichtdiamant zweimal mit 0,05 mm zugestellt und einmal ohne Zustellung bei der angegebenen Tischgeschwindigkeit an der Schleifscheibe verfahren.

An der beim Längsschleifen verwendeten Maschine war es möglich, sowohl eine Grobzustellung, als auch eine Schlichtzustellung sowie eine bestimmte Anzahl von Ausfunkhüben fest einzustellen. Das Schleifen erfolgte unter Maßkontrolle durch eine Meßsteuerung. Bei der Schleifmaschine USE 1000 dagegen konnte für das Einstechschleifen eine derartige Einstellung nicht vorgenommen werden. Die im folgenden angegebenen Zustellungen v_a in mm/min gelten demnach für den gesamten Einstechprozeß. Nach erfolgter Gesamtzustellung wurden noch 8 Sekunden Ausfunken nachgeschaltet, bevor der Schleifsupport in seine Ausgangsstellung zurückfuhr.

Ähnlich wie beim Längsschleifen wurde auch beim Einstechschleifen zunächst untersucht, wie sich die an der Maschine eingestellte Zustellung zur wirklichen Durchmesserabnahme am Werkstück verhält. In Abbildung 50

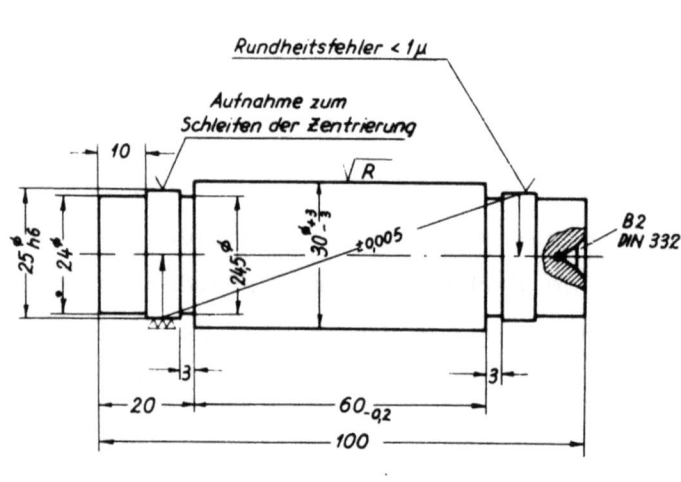

A b b i l d u n g   49

Vollzylinder-Normwerkstück für die Einstechschleifversuche

sind für die angegebenen Zerspanbedingungen die theoretische und die tatsächliche Durchmesseränderung über der Anzahl der Werkstückumdrehungen bzw. der Schleifzeit aufgetragen. Die Zustellung ist in diesem Diagramm auf den Durchmesser bezogen. Die gestrichelte Gerade gibt den Verlauf der theoretischen Durchmesserabnahme wieder, welcher der Zustellung der Schleifscheibe pro Werkstückumdrehung entspricht. Die tatsächliche Durchmesserabnahme wird durch die ausgezogene Kurve veranschaulicht.
Aus dem Verlauf beider Kurven ist deutlich zu erkennen, daß sich die Maschine gleich nach den ersten Zustellbeträgen pro Werkstückumdrehung verspannt, während erst allmählich der Werkstoffabtrag erfolgt. Bereits nach etwa 4,7 Sekunden Schleifzeit ist die Gesamt-Zustellung der Schleifscheibe von 88 μ , entsprechend 176 μ auf den Durchmesser bezogen, beendet, während der effektive Werkstoffabtrag erst 44 bzw. 88 μ beträgt, demnach also die Hälfte des eingestellten Betrages. Erst nach einer ver-

hältnismäßig langen Ausfunkzeit geht die Verspannung der Maschine zurück, und die wirkliche Werkstoffabnahme nähert sich der an der Maschine eingestellten Zustellung. Diese Diskrepanz zwischen der theoretischen und wirklichen Durchmesserabnahme ist bedingt durch die relativ geringe Federsteife von Schleifspindel und Werkstückaufnahme, d.h. die Körner-

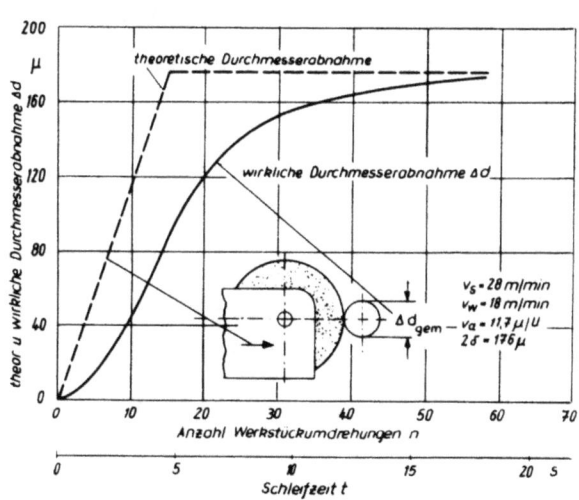

Abbildung 50
Theoretische und wirkliche Durchmesserabnahme
beim Außenrund-Einstechschleifen

spitzen, die das Werkstück tragen. Unter den hohen Schnittkräften verformen sich nämlich die direkt am Schleifprozeß beteiligten Maschinenelemente, die von dem Fluß der Schnittkräfte betroffen werden, so erheblich, daß es zu den soeben beschriebenen Abweichungen kommen muß. Die Auswirkungen dieser elastischen Verformungen führen zwangsläufig zu Bearbeitungsfehlern, wobei die Differenz zwischen der theoretischen und wirklichen Durchmesserabnahme zu erheblichen Durchmesserstreuungen führt. Dagegen wirken sich die elastischen Durchbiegungen von Spindel und Körnerspitzen in ähnlicher Weise auf die Zylindrizitätsfehler aus, wie in den nächsten Abschnitten noch nachzuweisen ist.

Zunächst sind aber noch einige Bemerkungen zu der oben beschriebenen Verspannung der Maschine infolge der Schnittkräfte näher auszuführen.

Durch die Differenz zwischen der theoretischen und gemessenen Durchmesserabnahme wird nach der erfolgten Gesamtzustellung der Zweck einer nachgeschalteten Ausfunkzeit von 8 Sekunden nicht erfüllt. Dies gilt insbesondere für hohe Zustellgeschwindigkeiten. Innerhalb der Ausfunkzeit werden nach Abbildung 50 pro Werkstückumdrehung noch sehr große Beträge

abgeschliffen, die eigentlich während der Zustellung der Schleifscheibe
abgetragen werden sollen. Sinn des Ausfunken ist es in erster Linie,
die Oberflächengüte zu verbessern. Es erscheint nämlich unwahrscheinlich,
daß man in der Praxis durch Ausfunken die durch die Verformungen an der
Maschine gespeicherte Energie noch ausnutzen will.

Heute ist es vielfach üblich, Werkzeugmaschinen und hier wieder insbesondere Schleifmaschinen mit einer sogenannten Meßsteuerung zu versehen. Eine derartige Schleifmaschine wurde beispielsweise bei den Längsschleifversuchen verwendet [24]. Diese Meßsteuerung arbeitete während des gesamten Bearbeitungsvorganges, der in Vorschleifen mit Grobzustellung bis zu einem einstellbaren Vormaß und Schleifen mit Feinzustellung bis zum Erreichen des Enddurchmessers unterteilt ist, und schaltete bei diesem Durchmesser ab. Anschließend wurden einige Ausfunkhübe ohne Maßkontrolle angeschlossen. Die Ergebnisse zeigten, daß das Ausfunken die Streuung des Werkstückdurchmessers vergrößerte, da sich die Maschine in ähnlicher Weise wie beim Einstechschleifen unter der Wirkung der Schnittkräfte aufbäumte und somit auch hierbei eine Differenz zwischen der tatsächlichen und der theoretischen Durchmesserabnahme zu verzeichnen war, die zu einer ungewollten, höheren Durchmesserstreuung führte. Um das Längsschleifen kostenmäßig mit dem Einstechschleifen vergleichen zu können, wurden auch hier die Verhältnisse bezüglich der Durchmesserstreuung beim Schleifen mit Meßsteuerung untersucht, obwohl die verwendete Werkzeugmaschine nicht dafür eingerichtet ist. Betrachtet man nun nochmals das Diagramm in Abbildung 50 und man vergegenwärtigt sich, daß nach etwa 4,7 Sekunden die Zustellung der Maschine beendet ist, anschließend aber noch 8 Sekunden lang ohne Zustellung ausgefunkt wird, so erkennt man ganz klar, daß die Anwendung einer Meßsteuerung bei dieser Bedingung wenig sinnvoll ist, wenn das Ausfunken ohne Maßkontrolle erfolgt. Beim Ausfunken von 8 Sekunden werden immerhin noch etwa 77 μ abgetragen, während in der Zeit der eigentlichen Zustellung der Schleifscheibe nur 87 μ zerspant werden. Da beim Schleifen eine Vielzahl von Faktoren, die im einzelnen nicht erfaßt werden können und von Werkstück zur Werkstück sehr stark streuen, den Schleifvorgang dahingehend beeinflussen, daß man nie mit Bestimmtheit sagen kann, welcher Durchmesser letztlich nach Beendigung des Ausfunkens erreicht wird, ist demnach ein Ausfunken ohne Maßkontrolle unzweckmäßig. Die hohen Durchmesserstreuungen bestätigen das ganz deutlich, wie in Abschnitt 3.23 noch ausführlich dargelegt wird. Ein Einstechschleifen ohne Ausfunken ist im Hinblick auf den hohen Kreisformfehler, der sich zwangsläufig durch das Charakteristikum des Einstechprozesses ergibt, nicht zu empfehlen. Hierdurch ergibt sich allein an jedem Werkstück selbst eine Durchmesserstreuung, die dem Rundheitsfehler entspricht. Diese Überlegungen bestätigen ebenfalls, daß es notwendig ist, den Ausfunkvorgang mit Maßkontrolle vorzunehmen. Hierdurch ist es allerdings erforderlich, bei den angegebenen Zerspanbedingungen die Verspannung der Maschine zu erkennen, um den an der Meßsteuerung eingestellten Abschaltdurchmesser, der gleich dem gewünschten Enddurchmesser ist, auch mit Sicherheit erreichen zu können. Auf diese Weise kann eine sehr hohe Maßgenauigkeit - auch bei hohen Zerspanleistungen - erzielt werden. Es würde sich zweifellos lohnen, diese Verhältnisse bei geeigneter Gelegenheit ausführlicher zu untersuchen, als es bisher bei den vorliegenden Versuchen geschehen konnte. Im Zusammenhang mit der Abhängigkeit des Werkstück-Durchmessers von den Zerspanbedingungen wird das Problem der Durchmesserstreuung noch ausführlich behandelt.

3.21 Einfluß der Zerspanbedingungen auf die Oberflächenrauheit beim Einstechschleifen

Die Abhängigkeit der Rauhtiefe von der Zustellgeschwindigkeit beim Einstechschleifen ist in Abbildung 51 dargestellt. Die gestrichelte Kurve im Diagramm gilt für die gleichen Zerspanbedingungen mit anschließendem Ausfunken von 8 Sekunden. Die Rauhtiefe steigt mit wachsender Zustellgeschwindigkeit an. Die Ausfunkzeit zeigt sich besonders bei den großen Zustellungen als sehr wirksam. Demnach können bei fast allen im Diagramm angegebenen Zustellgeschwindigkeiten Rauhtiefen von etwa 3 μ erzielt werden. Die Werte gelten für Schleifen ohne Oszillation der Schleifscheibe, doch lassen sich auch durch eine zusätzliche Oszillation für die vorliegenden Zerspanbedingungen keine geringeren Rauhtiefen erzielen.

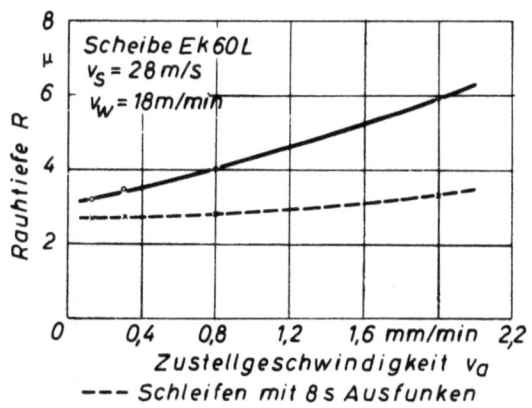

Abbildung 51

Rauhtiefe und Zustellgeschwindigkeit beim Einstechschleifen

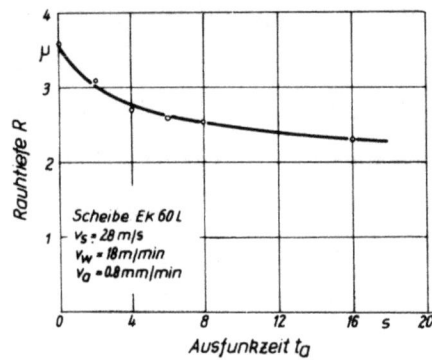

Abbildung 52

Rauhtiefe in Abhängigkeit von der Ausfunkzeit beim Einstechschleifen

Das Diagramm in Abbildung 52 läßt die Wirksamkeit der nachgeschalteten Ausfunkzeit erkennen. Die Zustellgeschwindigkeit betrug bei diesem Versuch 0,8 mm/min. Der Verlauf der Kurve zeigt, daß eine größere Ausfunkzeit als 8 Sekunden im Hinblick auf die geringe Oberflächenverbesserung nicht gerechtfertigt ist.

3.22 Formfehler beim Einstechschleifen

3.221 Der Zylindrizitätsfehler

Da beim Einstechschleifen wegen der relativ hohen Zerspanleistung mit großen Schnittkräften gerechnet werden muß - die Schleifscheibe befindet sich während der Bearbeitung auf der gesamten Werkstücklänge im Eingriff - treten daher auch selbst bei sehr starren Einspannverhältnissen Verformungen auf, welche die Werkstückgüte hinsichtlich der erzielbaren Formgenauigkeit erheblich beeinflussen. Zum anderen ist wegen der hohen Reibleistungen an der Schnittstelle zwischen Schleifscheibe und Werkstück trotz Kühlung mittels Schleifflüssigkeit eine nicht unerhebliche Erwärmung des Werkstückes zu erwarten, die in gleicher Weise die Werkstückform beeinträchtigt.

In Abbildung 53 ist an Hand eines Schemabildes dargestellt, wie sich der Zylindrizitätsfehler beim Einstechschleifen durch das Zusammenwirken verschiedener Einflußgrößen ergibt. Wie das Bild zeigt, entsteht der Zylindrizitätsfehler in der Hauptsache durch die Verformung der Körnerspitzen spindelstock- und reitstockseitig und infolge der Schleifspindeldurchbiegung. Bei allen Versuchen ergab sich die in der Abbildung rechts unten dargestellte Doppelglockenform, wie sie bereits vom Außen-Feindrehen her bekannt ist [22]. Der Zylindrizitätsfehler entsteht nun

in folgender Weise: Beim Anschnitt der Schleifscheibe stellt sich sehr
schnell zwischen Werkstück und Schleifscheibe ein Gleichgewichtszustand
hinsichtlich der Rückkraft P_r ein, so daß man einen gleichmäßig verteilten Kraftangriff über der Werkstücklänge annehmen kann. Unter der Wirkung der Rückkraft, die durch Schnittkraftmessungen bei einer Zustell-

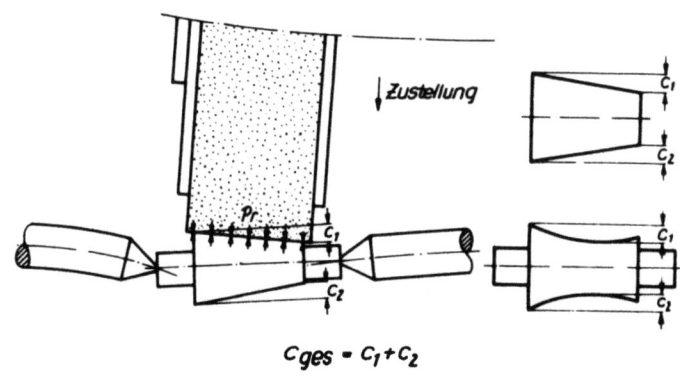

Abbildung 53

Entstehung des Zylindrizitätsfehlers beim Einstechschleifen

geschwindigkeit von 0,8 mm/min etwa 40 kg und bei 2,0 mm/min schon etwa
72 kg beträgt, biegt sich einmal die Schleifspindel in der angebenen
Richtung durch, zum anderen verformen sich die beiden Körnerspitzen,
wobei die Spitze auf der Spindelstockseite weicher ist als diejenige
reitstockseitig. Hierdurch ergibt sich ein kegeliges Werkstück, daß
reitstockseitig dünner wird. Da die Rückkraft und die Federsteife der
verformten Maschinenteile bekannt sind, kann der Zylindrizitätsfehler,
der sich infolge der elastischen Verformung ergibt, errechnet werden.
Vorerst aber ergaben sich erhebliche Differenzen zwischen den gemessenen
und den errechneten Zylindrizitätsfehlern. Diese Unterschiede waren in
der Hauptsache auf die Doppelglockenform der Werkstücke zurückzuführen.
Dieser Formfehler konnte nämlich nicht aus den Verformungen an der Maschine bestimmt werden.

Bei den Schleifversuchen war aber bereits aufgefallen, daß die Werkstücke verschiedentlich sehr warm wurden. Hierbei zeigte sich nach dem
Erkalten der Proben die Doppelglockenform in besonders auffallender
Weise. Durch diese Beobachtung gelang es, die Ursache für diesen Fehler
aufzudecken.

Dieser Formfehler entsteht nämlich dadurch, daß an den beiden Werkstückenden Zapfen angedreht sind, die durch den Kühlwasserstrom besonders gut gekühlt werden. Das Werkstück wird an sich durch die auf ganzer Probenlänge in Eingriff stehende Schleifscheibe gleichmäßig aufgeheizt, jedoch ist die Ableitung der Wärme infolge des größeren Wärmegefälles durch die gekühlten Zapfen an den beiden Enden größer als in Werkstückmitte zu benachbarten Werkstückquerschnitten. Hier tritt also eine Wärmestauung auf, wodurch sich das Werkstück radial dehnt. Somit wird an dieser Stelle notgedrungen mehr Werkstoff abgetragen als an den Werkstückenden. Nach dem Schleifprozeß erkaltet das Werkstück, es zieht sich entsprechend dem größeren Werkstoffabtrag in Probenmitte mehr zusammen als an beiden Enden, und das Werkstück präsentiert sich in Gestalt einer Doppelglockenform.

Um diese Erscheinung zu bestätigen bzw. theoretische Annahme zu erhärten, wurden an mehreren Werkstücken die angedrehten Zapfen abgesägt, die Werkstücke neu zentriert und die nun an beiden Enden freiliegenden Stirnflächen mittels einer dicken Kunststoffolie gegen das Schleifwasser isoliert. Dies sollte innerhalb der Werkstücke an allen Stellen ein gleichmäßiges Temperaturgefälle gewährleisten. Dann wurden die Werkstücke geschliffen. Nach der Bearbeitung und nach dem Erkalten wiesen die Werkstücke eine reine Kegelform auf; die Mantellinien verliefen gerade, wie in Abbildung 53 rechts oben dargestellt.

Dieser Versuch zeigt, daß man eine hohe Formgenauigkeit gegebenenfalls auch durch eine zweckmäßigere Konstruktion des Werkstückes erreichen kann, wenn dies nicht durch ein bestimmtes notwendiges Bearbeitungsverfahren möglich ist. Andererseits beweist dieser Fall ebenso, daß eine bessere Formgenauigkeit bei unveränderlichen Werkstückformen nicht erzielt werden kann. Für den vorliegenden Bearbeitungsfall konnte dieser Formfehler jedoch durch bessere Kühlung des Werkstückes verringert werden, wie im folgenden Versuch gezeigt wird.

Im Zusammenhang mit dieser Fehlerursache wurde noch eingehend untersucht, ob die Kühlflüssigkeitsmenge einen Einfluß auf den Zylindrizitätsfehler nimmt. Die Ergebnisse einer Versuchsreihe mit verschiedenen Kühlwassermengen bei einer Zustellgeschwindigkeit von 0,8 mm/min sind in Abbildung 54 aufgetragen. Das Schleifen erfolgte ohne nachgeschaltetes Ausfunken, um gleichzeitig die Werkstückerwärmung jeweils nach erfolgter Zustellung feststellen zu können. Die Werkstücktemperatur ist an den einzelnen Meßpunkten ergänzend eingetragen. Nach dem Diagramm beträgt bei einer Kühlwassermenge von nur etwa 9 l/min die Werkstücktemperatur 53° C, wobei sich ein Zylindrizitätsfehler von 34 µ ergab. Bei einer Ausgangstemperatur von ca. 20° C entspricht dies einer Temperaturerhöhung von 33° C. Erhöht man die Kühlflüssigkeitsmenge auf das Vierfache zu 36 l/min, so ist nur noch ein Temperaturanstieg um 5° auf 25° C festzustellen; der Formfehler hat sich gleichzeitig um fast 20 µ verringert. Bei diesen Versuchen konnte gleichzeitig festgestellt werden, daß die Hohltiefe der Doppelglockenform eine eindeutige Funktion der Werkstücktemperatur ist. Das Diagramm weist ausdrücklich darauf hin, wie wichtig

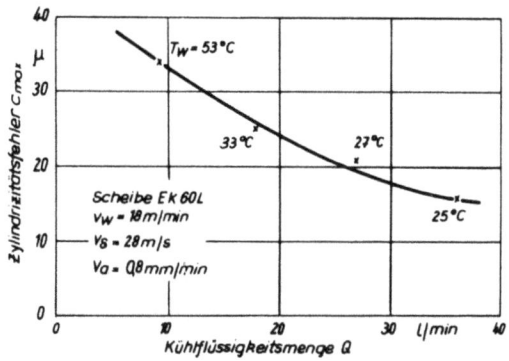

Abbildung 54

Einfluß der Kühlflüssigkeitsmenge auf den Zylindrizitätsfehler beim Einstechschleifen

eine ausreichende und gleichmäßige Kühlung des Werkstückes zur Erzielung einer hohen Formgenauigkeit ist. Hierbei ist vor allem zu beachten, daß der Kühlwasserstrom gleichmäßig das gesamte Werkstück überspült.

Nach diesen Vorversuchen konnte der Zylindrizitätsfehler in Abhängigkeit von der Zustellgeschwindigkeit genauer untersucht werden. Die Versuchsergebnisse sind in Abbildung 55 in einem Schaubild wiedergegeben. Hierbei wurde die Maschine so ausgerichtet, daß sich bei den günstigsten Zerspanbedingungen jeweils der geringste Zylindrizitätsfehler ergab. Mit wachsender Zerspanleistung steigt der Zylindrizitätsfehler degressiv an. Das gleiche gilt auch für ein anschließendes Ausfunken von 8 Sekunden. Man erkennt, daß bei höheren Zustellgeschwindigkeiten das Ausfunken wiederum besonders wirksam ist. Der kleinste Zylindrizitätsfehler, der überhaupt erreicht wird, beträgt bei v_a = 0,13 mm/min mit anschließendem Ausfunken etwa 4,5 μ. Da durch eine ausreichende Kühlung der Werkstücke das Auftreten der Doppelglockenform an den Werkstücken verhindert werden konnte, wurde es auch möglich, den Zylindrizitätsfehler zu errechnen, da sowohl die Federsteifen der verformten Maschinenteile als auch die auftretenden Schnittkräfte bei den verschiedenen

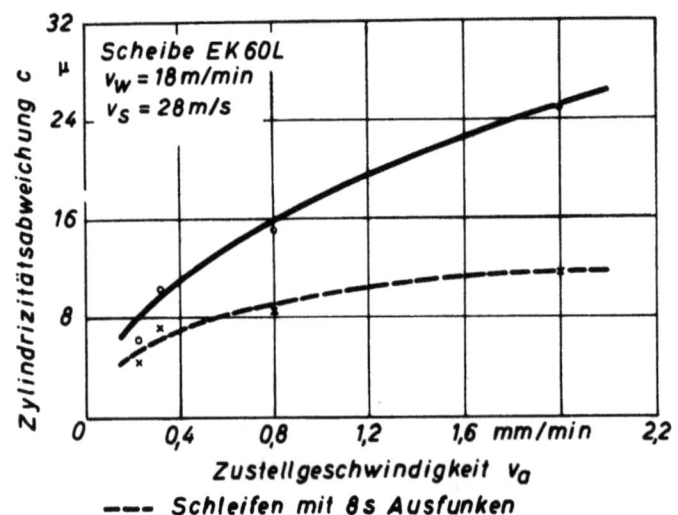

Abbildung 55

Zylindrizitätsfehler und Zustellgeschwindigkeit
beim Einstechschleifen

Bedingungen bekannt waren. Zwischen den errechneten und gemessenen Werten ergab sich für alle Zerspanbedingungen eine Differenz von etwa 4,5 μ. Dieser Betrag aber entspricht dem geringsten Zylindrizitätsfehler, der überhaupt erzielt werden kann. Der Unterschied ergibt sich durch den Einfluß der Rauheit und Welligkeit an der Werkstückoberfläche selbst, der bei einer Rauhtiefe von 3 μ nicht unerheblich ist und in das Meßergebnis mit eingeht. Bei höheren Zerspanleistungen nehmen trotz guter und reichlicher Kühlung auch die unvermeidlichen Werkstückerwärmungen noch Einfluß auf das Bearbeitungsergebnis, der aber verhältnismäßig klein ist gegenüber dem Formfehler, der durch die Verformung von Schleifspindel und Körnerspitzen hervorgerufen wird.

Diese Untersuchungen zeigen ganz deutlich, daß es lediglich eine Frage der Dimensionierung der Körnerspitzen ist, um den Zylindrizitätsfehler für alle Bedingungen gegen den gleichen Wert gehen zu lassen. Einen nicht unbedeutenden Einfluß auf den Zylindrizitätsfehler hat das Abrichten der Schleifscheibe. Durch eine ungleichförmige Tischgeschwindigkeit oder durch Verlagerungen des Abrichtdiamanten infolge unzureichender Klemmung in der Kegelaufnahme entstehen in der Schleifscheibe Unregelmäßigkeiten, die sich auf die Werkstückmantellinien übertragen und bei allen Werkstücken zu erkennen sind, wenn nicht ein erneutes Abrichten erfolgt.

3.222 Der Kreisformfehler

Beim Längsschleifen erfolgt bekanntlich die Zustellung der Schleifscheibe pro Hub und Doppelhub, diese Zustellung ändert sich beim Überlauf der Schleifscheibe nicht. Man kann deshalb dieses Verfahren in gewisser Weise mit dem Längsdrehen vergleichen. Dagegen geschieht die Zustellung der Schleifscheibe beim Einstechschleifen kontinuierlich; das bedeutet theoretisch, daß in der gleichen Zeiteinheit stets die gleiche Werkstoffmenge abgetragen wird. Durch diese Eigenart des Verfahrens entsteht während des Zerspanvorganges bei Betrachtung des Werkstückquerschnittes das Profil des Querschnittes in Form einer archimedischen Spirale, deren Verlauf bei idealen Verhältnissen aus der Zustellgeschwindigkeit der Schleifscheibe und der Drehzahl des Werkstückes errechnet werden kann. Die Entstehung dieser Werkstückquerschnittsform ist in Abbildung 56 schematisch skizziert. Hieraus folgt, daß das Werkstück während der Schleifscheibenzustellung zu keinem Zeitpunkt einen kreisförmigen Querschnitt aufweist. Die Abweichung des Werkstückquerschnittes von der idealen Kreisform ist dabei um so stärker ausgeprägt, je größer die Schleifscheibenzustellung pro Werkstückumdrehung ist. Abbildung 57 zeigt

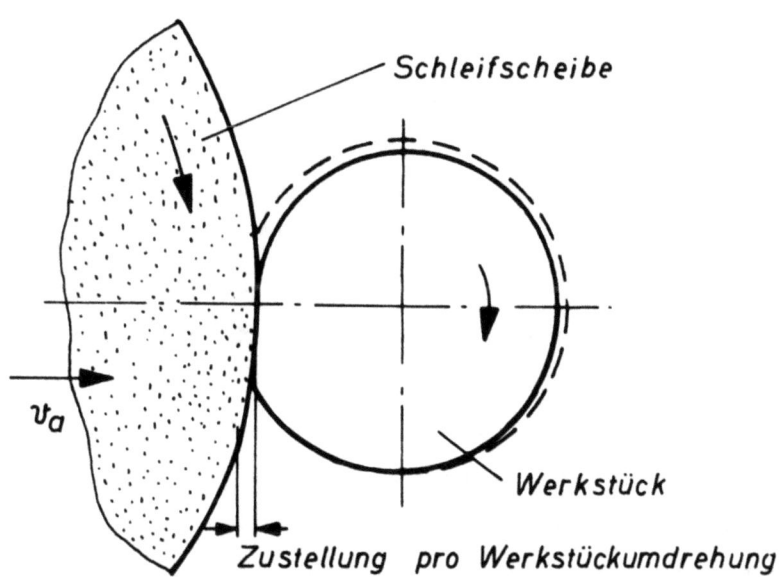

A b b i l d u n g   56
Entstehung der Werkstückquerschnittsform
beim Einstechschleifen

links das 4000fach vergrößerte Querschnittsprofil eines Werkstückes, das mit einer Zustellgeschwindigkeit von 0,8 mm/min im Einstechverfahren geschliffen wurde. Nach erfolgter Zustellung wurde der Schleifsupport zurückgefahren, ein Ausfunken fand demnach nicht statt. Die Werkstückdrehzahl betrug bei diesem Versuch etwa 108 U/min. Aus diesen beiden Bedingungen läßt sich die Zustellung der Schleifscheibe, bezogen auf eine Umdrehung des Werkstückes, sehr leicht errechnen; sie beträgt 7,3 μ/U.

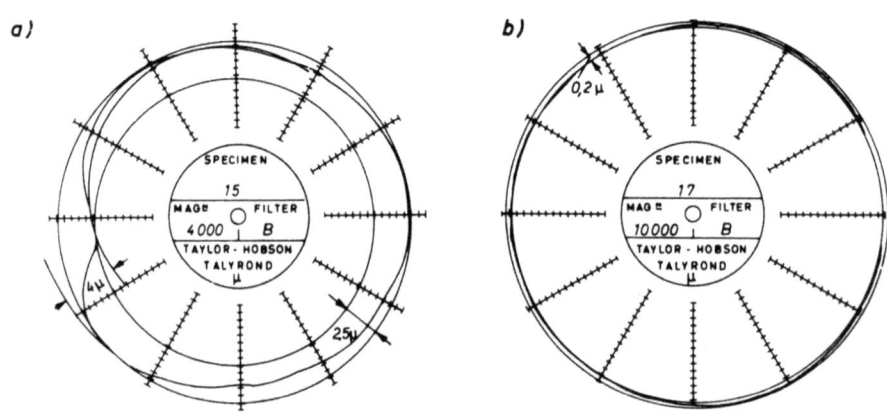

Abbildung 57

Querschnittsprofile zweier im Einstechverfahren geschliffenen Werkstücke

a) ohne Ausfunken   b) mit 8 s Ausfunken

In dem Polarschrieb ist deutlich die Stelle zu sehen, wo die Scheibe zuletzt in Eingriff war. Die Höhe der unteren Ausbuchtung beträgt etwa 4 μ, errechnet wurden 7,3 μ. Die Differenz erklärt sich aus der Verspannung der Maschine, die nach Abbildung 50 bereits ausführlich beschrieben wurde. Wegen der großen Differenz zwischen der tatsächlichen und wirklichen Werkstoffabnahme infolge der Maschinenverspannung spielt es keine Rolle, ob der Schleifsupport nach Beendigung der Gesamtzustellung sofort zurückfährt oder erst nach einer kurzen Verharrungszeit, da sich dadurch der Abtrag pro Werkstückumdrehung nur unerheblich ändert. Inwieweit sich die Rückstellgeschwindigkeit des Schleifsupports auf diesen Fehler auswirkt, müßte noch eingehend untersucht werden.

Der Kreisformfehler bei diesem Versuch wurde zu etwa 2,5 μ ermittelt. Das Polardiagramm rechts in Abbildung 57 zeigt ein anderes Werkstück, das mit den gleichen Bedingungen bei 8 Sekunden anschließendem Ausfunken geschliffen wurde. Hierbei ist zu beachten, daß die Radialvergrößerung 10 000fach beträgt. Der Kreisformfehler wird durch das Ausfunken sehr beträchtlich verringert. Für das vorliegende Werkstück ist er mit etwa 0,2 µ besonders klein ausgefallen.

Es wurde bereits darauf hingewiesen, daß die Werkstückdrehzahl einen nicht unerheblichen Einfluß auf den Kreisformfehler nimmt. Die Abhängigkeit des Rundheitsfehlers bei einer konstanten Zustellgeschwindigkeit von 0,8 mm/min ist für verschiedene Werkstückgeschwindigkeiten in Abbildung 58 veranschaulicht. Der Werkstückdurchmesser betrug bei diesem Versuch 28,6 mm.

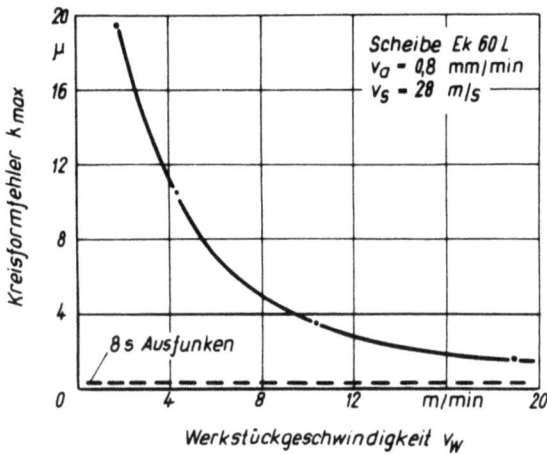

A b b i l d u n g   58
Einfluß der Werkstückgeschwindigkeit auf den Kreisformfehler

Das Diagramm zeigt, daß der Kreisformfehler durch Erhöhung der Werkstückgeschwindigkeit von 2 auf 18 m/min von 20 µ auf weniger als 2 µ reduziert werden konnte. Eine weitere Erhöhung bringt keine wesentliche Verbesserung mehr. Bemerkenswert bei diesem Versuch war, daß ein Ausfunken von 8 Sekunden den Kreisformfehler selbst bei der ungünstigsten Werkstückgeschwindigkeit von 20 µ auf etwa 0,3 µ verringerte. Wegen des Kreisformfehlers wurde diese Werkstückgeschwindigkeit bei allen Versuchen konstant belassen.

In Abbildung 59 ist der Kreisformfehler als Funktion der Zustellgeschwindigkeit für zwei verschiedene Werkstückgeschwindigkeiten aufgetragen. Der Kreisformfehler steigt mit wachsender Zustellgeschwindigkeit für beide Werkstückgeschwindigkeiten linear an, wobei vor allem die Geschwindigkeit von 10 m/min den größeren Einfluß auf den Formfehler aufweist. Bei der größeren Werkstückgeschwindigkeit steigt der Fehler nur noch wenig an. Für beide Geschwindigkeiten gilt wiederum die gestrichelte Linie bei 0,3 µ für ein nachgeschaltetes Ausfunken von 8 Sekunden.

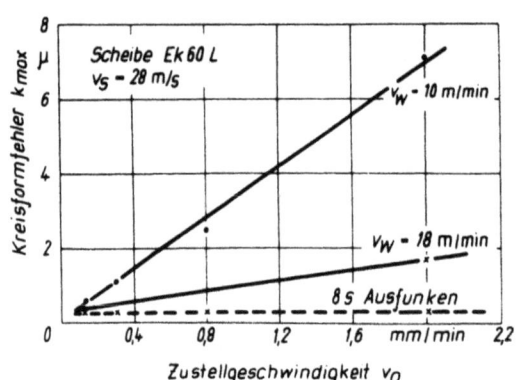

Abbildung 59
Kreisformfehler und Zustellgeschwindigkeit
beim Einstechschleifen

Der Restfehler von 0,3 µ dürfte hauptsächlich auf Fehler in den Zentrierungen zurückzuführen sein, die sich auf das Werkstück übertragen. Diese Erscheinung ist vom Feindrehen her bereits bekannt [22].

3.23 Maßgenauigkeit beim Einstechschleifen

Auf die Probleme der Maßgenauigkeit beim Einstechschleifen wurde bereits in Abschnitt 3.2 nachdrücklich hingewiesen. Da für das Außenrund-Längsschleifen die Durchmesserstreuung bei Verwendung einer Meßsteuerung untersucht wurde, erscheint es im Hinblick auf einen sinnvollen Wirtschaftlichkeitsvergleich der Verfahren zweckmäßig, die gleichen Verhältnisse für das Einstechschleifen zugrunde zu legen. Für die Versuche stand, wie bereits erwähnt, leider keine Schleifmaschine zur Verfügung, die mit einer Meßsteuerung ausgerüstet war, wodurch die Untersuchungen erheblich erschwert wurden. Deshalb wurde die Maßgenauigkeit nur für die beiden extremen Zerspanbedingungen v_a = 0,13 und 2,0 mm/min bei Verwendung einer Meßsteuerung näher untersucht.

Zunächst soll die Durchmesserstreuung beim Schleifen ohne Ausfunken betrachtet werden. Die Streuung der Abschaltzeit der zu verwendenden Meßsteuerung liegt etwa bei 0,17 Sekunden; Maßfehler, die durch diese Abschaltungenauigkeit auftreten, sind lediglich von der Zustellgeschwin-

digkeit abhängig; dieser Fehler läßt sich aus den Rundheitsschrieben
abgreifen. Den größten Maßfehler erhält man durch den Kreisformfehler,
der hauptsächlich von der Zustellgeschwindigkeit und der Werkstückdrehzahl beeinflußt wird, wie ebenfalls nachgewiesen werden konnte. Dieser
Fehler ändert sich von Werkstück zu Werkstück nur geringfügig, führt
aber am einzelnen Werkstück zu einer so hohen Durchmesserstreuung, daß
allein im Hinblick auf diese Abweichungen ein Einstechschleifen ohne
Ausfunken unzweckmäßig ist. Die absolute Größe des Rundheitsfehlers, der
zu dieser Maßstreuung am Werkstück führt, ist vor allem abhängig von
der Rückfahrgeschwindigkeit des Schleifsupports. Eine dritte Fehlerkomponente, welche die Durchmesserstreuung beeinflußt, liegt in der
Oberflächengestalt der Werkstücke begründet. Die Umfangswelligkeit beträgt bei allen Werkstücken, die ohne Ausfunken geschliffen wurden, etwa
1 bis 2 μ , wie durch Messungen mit dem Talyrond festgestellt wurde.
Diese Unebenheiten im Mikrobereich der Oberfläche führen zu Durchmesserstreuungen, die um 2 bis 4 μ liegen.

Die ermittelte Durchmesserstreuung wurde für drei verschiedene Werkstückgeschwindigkeiten in Abhängigkeit von der Zustellgeschwindigkeit bestimmt; die Ergebnisse sind in Abbildung 60 wiedergegeben.

Die Anteile der Durchmesserstreuung, die aus der Streuung des Abschaltzeitpunktes und aus den Unebenheiten der Oberflächenfeingestalt herrühren, sind in dem Diagramm ebenfalls eingezeichnet. Den Hauptanteil
nimmt verständlicherweise die Unrundheit der Werkstücke in Anspruch.
Wie das Schaubild zeigt, kann die Durchmesserstreuung durch Erhöhung
der Werkstückgeschwindigkeit beträchtlich verringert werden.

Nun sollen die Verhältnisse für das Ausfunken ohne Meßsteuerung noch
erläutert werden. Die gestrichelt eingezeichnete Gerade gibt die hierbei
zu erwartende Durchmesserstreuung wieder. Aus der Lage dieser Geraden
ist zu ersehen, daß die Durchmesserstreuung beim Ausfunken ohne Maßkontrolle größer wird, obwohl das Ausfunken den Rundheitsfehler bis auf
etwa 0,3 μ verbessert. Für diese erhebliche Verschlechterung der Maßhaltigkeit sind in der Hauptsache zwei Faktoren verantwortlich, erstens
die Streuung der Rückkraft, die sich mit dem Zustand der Schleifscheibe
von Werkstück zu Werkstück sehr stark verändert, und zweitens die relativ weichen Körnerspitzen, welche die Werkstücke aufnehmen. Die Hauptursache für die Streuung des Werkstückdurchmessers bildet demnach der
Zustand der Schleifscheibe. Schnittkraftmessungen beim Einstechschleifen
[14] haben gezeigt, daß die Rückkraft über der Schleifscheibenstandzeit

sehr stark variiert. Diese Streuungen bewirken somit sehr einflußreiche
Verformungen von Schleifspindel und Körnerspitze, die von Werkstück zu
Werkstück stark unterschiedlich ausfallen. Der Verspannungszustand der
Maschine ist demnach beim Abschalten der Zustellung durch die Meßsteuerung jedesmal ein anderer. Dies sei an Hand der Abbildung 50 nochmals
vergegenwärtigt. Es wird beispielsweise angenommen, die Meßsteuerung
soll nach einer Werkstoffabnahme von 80 µ, bezogen auf den Werkstückdurchmesser, die Zustellung abschalten. Anschließend wird 8 Sekunden
lang ausgefunkt. Nach der gestrichelten Kurve sind die 80 µ bereits
nach etwa 2 Sekunden zugestellt. Bis dahin erfolgte aber erst ein Werkstoffabtrag von insgesamt ca. 20 µ. Somit stellt die Maschine weiterhin die Schleifscheibe zu, bis nach ungefähr 4,5 Sekunden die verlangten

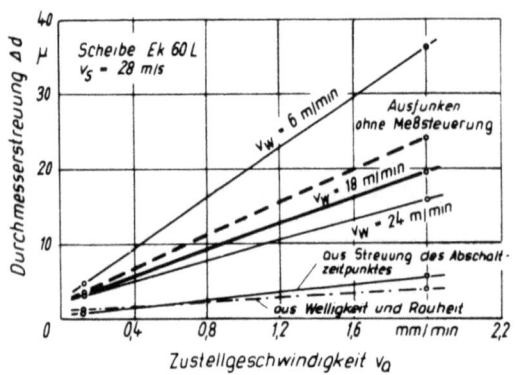

A b b i l d u n g   60

Durchmesserstreuung in Abhängigkeit von der Zustellgeschwindigkeit
für verschiedene Werkstückgeschwindigkeiten

80 µ abgeschliffen sind. Zu diesem Zeitpunkt beträgt die tatsächliche
Gesamtzustellung der Schleifscheibe etwa 165 µ. Die Meßsteuerung schaltet ab und die Schleifscheibe funkt 8 Sekunden lang aus. Welchen Durchmesser das Werkstück nach dem Ausfunken aufweisen wird, hängt demnach
von dem Verspannungszustand der Maschine im Augenblick des Abschaltens
der Schleifscheibenzustellung und von dem Zustand der Schleifscheibe
selbst ab. In gleicher Weise wird auch die Gesamtzustellung des Schleifspindelstockes von Werkstück zu Werkstück unterschiedlich groß sein und
davon abhängen, zu welchem Zeitpunkt die Meßsteuerung die Zustellung
abschaltet. Deshalb ist es leicht erklärlich, warum beim Ausfunken ohne
Meßsteuerung die Maßstreuung in der angegebenen Größe auftritt.

Die Untersuchungen über die Maßstreuung sind noch nicht abgeschlossen.
Weitere Versuche müssen zeigen, ob die hier dargelegten Abhängigkeiten

für alle Zerspanbedingungen gelten. An Hand dieser Ausführungen sollte lediglich auf das Problem der Maßgenauigkeit beim Einstechschleifen hingewiesen werden. Wegen der relativ großen Verspannung der Schleifmaschine erscheint beim Einstechvorgang eine Unterteilung in Grob- und Schlichtzustellung nicht sinnvoll zu sein, da die Schlichtzustellung als solche nicht in Erscheinung treten würde. Durch die Aufbäumung der Maschine dürfte sich die Zustellung der Scheibe am Werkstück kaum wesentlich ändern. Es ist darum zu empfehlen, den gesamten Zustellbetrag mit gleichmäßiger Geschwindigkeit zuzustellen, wobei ohne weiteres auf eine Meßsteuerung verzichtet werden kann. Dagegen sollte das anschließende, aus bereits angeführten Gründen unbedingt erforderliche Ausfunken unter Maßkontrolle geschehen.

In Abbildung 61 ist für eine Werkstückgeschwindigkeit von 18 m/min die Durchmesserstreuung über der Zustellgeschwindigkeit nochmals wiedergegeben. Die dick ausgezogene Gerade gilt für Einstechen ohne Ausfunken bei Maßkontrolle. Die gestrichelte Gerade darüber gibt die Durchmesserstreuung für 8 Sekunden Ausfunken ohne Maßkontrolle an. Bei Anwendung der Meßsteuerung während des Ausfunkens dagegen ergibt sich eine wesentlich geringere Durchmesserstreuung, die durch die gestrichelte Gerade im unteren Teil des Schaubildes angegeben wird. Um diesen Erfolg beim Einstechschleifen erzielen zu können, müssen die vorliegenden Verhältnisse an der Maschine während des Schleifvorganges berücksichtigt werden, wie im folgenden dargelegt wird. Am wichtigsten hierbei ist die Verspannung der Maschine, die von der Größe der Rückkraft abhängig ist, welche um ± 12 % über der Standzeit schwanken kann. Hierdurch ergibt sich jeweils eine andere Verspannung der Maschine, die den Verlauf des Werkstoffabtrages beim Ausfunken entscheidend beeinflußt.

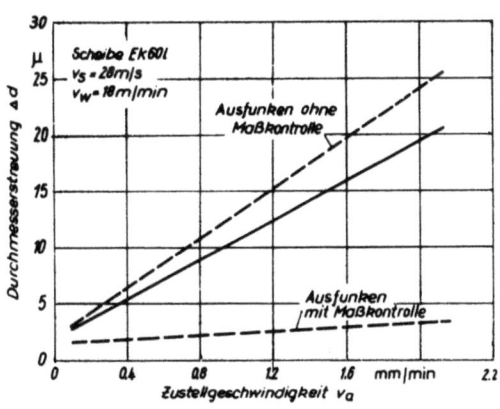

A b b i l d u n g   61

Durchmesserstreuung bei Verwendung einer Meßsteuerung beim Einstechschleifen für Ausfunken mit und ohne Maßkontrolle

Hierbei muß ebenfalls mit einer Streuung von ± 12 % gerechnet werden, da die Verformung der Maschine proportional zur Rückkraft ist. Damit der Werkstoffabtrag aber für jeden Bearbeitungsgang soweit erfolgt, daß der an der Meßsteuerung eingestellte Werkstückdurchmesser erreicht wird, muß an der Maschine die Gesamtzustellung, auf den Durchmesser bezogen, um 10 µ größer gewählt werden als sie in Wirklichkeit sein soll. Um dies anschaulicher erklären zu können, sei hierzu nochmals die Abbildung 50 herangezogen. Sollen beispielsweise insgesamt 166 µ abgetragen werden, so werden an der Maschine 176 µ eingestellt, unabhängig von der Zustellgeschwindigkeit. Hierdurch ist gewährleistet, daß trotz der möglichen Rückkraftstreuungen der Abschaltdurchmesser, der an der Meßsteuerung eingestellt ist, nach mehr oder weniger langem Ausfunken erreicht wird. Dabei erfolgt die Gesamtzustellung von 176 µ mit der gerade gewählten Zustellgeschwindigkeit ohne Maßkontrolle. Durch diese Einstellung der Meßsteuerung erzielt man im Augenblick des Abschaltens beim erreichten Enddurchmesser, daß die Maschine stets etwa die gleiche Verspannung aufweist, vorausgesetzt, daß die Rückkraft im Bereich der angegebenen Streubreite liegt. Die Streuung des Enddurchmessers am Werkstück hängt dann ausschließlich nur noch von der Abschaltgenauigkeit der verwendeten Meßsteuerung und von der Rückfahrgeschwindigkeit des Schleifsupports ab. Die Abschaltgenauigkeit der Meßeinrichtung wird verständlicherweise auch hier von der Feingestalt der Oberfläche, insbesondere von der Umfangswelligkeit des Werkstückes beeinflußt. Ein weiterer Maßfehler ergibt sich gegebenenfalls, wenn zwischen Meßsteuerung und Werkstück eine nicht immer vermeidbare Temperaturdifferenz besteht. Deshalb steigt die Durchmesserstreuung in Abbildung 61 zu höheren Zustellgeschwindigkeiten leicht an. Bei Anwendung dieser Arbeitsweise ergibt sich eine Maßgenauigkeit beim Einstechschleifen, welche die Maßhaltigkeit beim Längsschleifen weit übertrifft. Dies wird an Hand eines Verfahrenvergleiches noch nachgewiesen.

3.3 Fertigungskosten beim Einstechschleifen

Die untersuchten Größen sind in Abbildung 62 nochmals anschaulich zusammengestellt. Die gestrichelten Kurven in den Diagrammen zeigen die Ergebnisse beim Schleifen mit 8 Sekunden Ausfunken; die strichpunktierten gelten für Ausfunken mit Meßsteuerung. Da beim Ausfunken mit Maßkontrolle die Verspannung der Maschine unabhängig von der Zustellgeschwindigkeit ist, wird hierdurch auch das Endergebnis des Schleifpro-

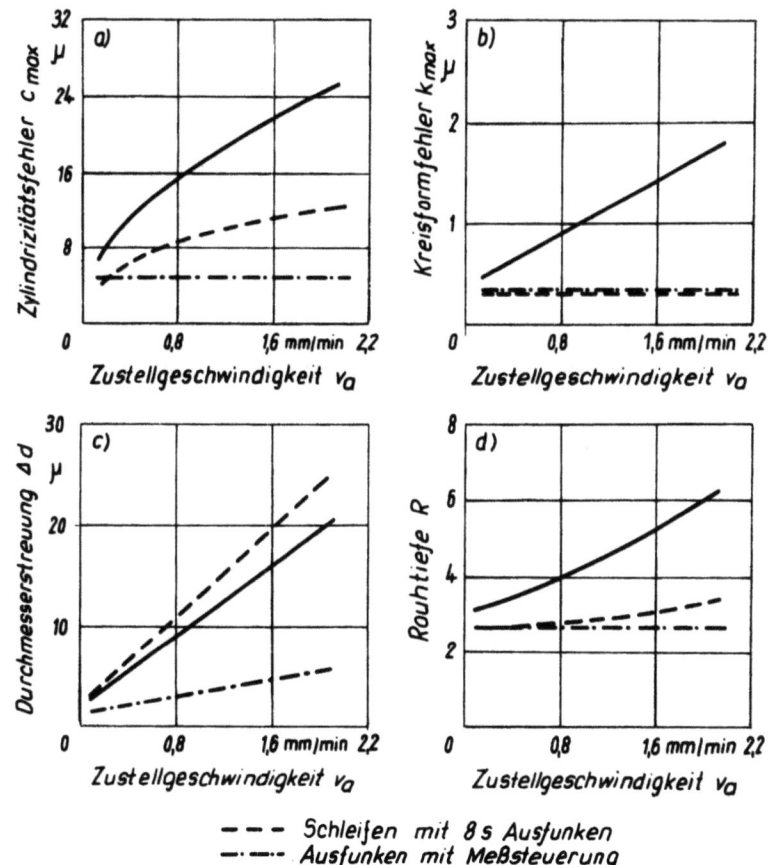

Abbildung 62
Form, Maß und Oberfläche beim Einstechschleifen als
Funktion der Zustellgeschwindigkeit

zesses nicht beeinflußt. Deshalb ergeben sich für die Formgenauigkeit und Oberflächengüte unabhängig von der Zustellgeschwindigkeit die gleichen Endergebnisse wie bei der geringsten Zerspanbedingung von 0,13 mm/U. Eine Ausnahme bildet dabei die Maßgenauigkeit wegen der bereits geschilderten Gegebenheiten an der Meßsteuerung. Somit bringt das Ausfunken mit Maßkontrolle auch für die anderen Größen eine nicht unwesentliche Verbesserung.

Für das Einstechschleifen wurden nun ebenfalls die Fertigungskosten ermittelt und in Abhängigkeit von Form, Maß und Oberfläche in einem Schaubild zusammengefaßt, wie Abbildung 63 zeigt. Die hierfür erforderliche Kostengleichung ist dem ersten Forschungsbericht für den Wirtschaftlichkeitsvergleich entnommen [15]. Bei der Ermittlung der Werkzeugkosten wurde eine Schleifscheibenbreite von 63 mm nach DIN 69 120 zugrundegelegt. Die Standzeit der Schleifscheibe wurde den Untersuchungen von

OPITZ, SALJE und SCHWARTZ entnommen [14]. Die Diagramme lassen erkennen, daß die Fertigungskosten zu kleineren Zustellgeschwindigkeiten sehr rasch ansteigen. Dies ist auf die relativ hohen Hauptzeiten zurückzuführen. Das Kostenminimum für alle untersuchten Größen liegt etwa bei der Zustellgeschwindigkeit von 0,8 mm/min. Größere Zustellungen lassen die Kosten wieder ansteigen, da die Anzahl der gefertigten Werkstücke pro Standzeit bei höheren Zustellgeschwindigkeiten rasch abnimmt. Zustellgeschwindigkeiten unterhalb von 0,8 mm/min verbessern zwar das Endergebnis, rechtfertigen wegen des raschen Kostenanstieges aber nicht ihre Anwendung. Ein Ausfunken von 8 Sekunden (gestrichelte Kurven) bringt für mittlere und insbesondere bei großen Zustellgeschwindigkeiten bezüglich Form und Oberflächengüte bemerkenswerte Verbesserungen, dagegen wird die Maßgenauigkeit schlechter trotz ansteigender Fertigungskosten. Die strichpunktierten Kurven gelten für das Ausfunken mit Maßkontrolle. Da bei dieser Meßsteuerung die Zerspanbedingungen keinen Einfluß auf das Bearbeitungsergebnis haben, ergeben sich praktisch senkrechte Geraden. Da im Augenblick des Abschaltens bei Erreichen des Enddurchmessers die Verspannung der Maschine gleich von den hohen Zerspanbedingungen unabhängig ist, ergeben sich bei kleineren Zustellgeschwindigkeiten Ausfunkzeiten, die weit unter 8 Sekunden liegen. So beträgt die Ausfunkzeit bei 0,13 mm/min beispielsweise weniger als 1 Sekunde, da hier die theoretische Abtragung des Werkstoffes der tatsächlichen wesentlich näherkommt als bei hohen Zustellbeträgen. Hierdurch verringerte sich selbstverständlich auch die Hauptzeit und damit auch die Fertigungskosten. Aus diesem Grunde ist die Anwendung der Maßkontrolle beim Ausfunken wirtschaftlich. Die Diagramme weisen alle ohne Ausnahme darauf hin, daß es am wirtschaftlichsten ist, mit einer Zustellgeschwindigkeit von 0,8 mm/min beim Einstechschleifen zu arbeiten.

In Abbildung 64 sind die Fertigungskosten über der erreichbaren Durchmessertoleranz aufgetragen. Hierbei sind die auftretenden Formfehler, d.h. die Zylindrizitätsfehler, berücksichtigt, die einen Teil des zur Verfügung stehenden Toleranzfeldes für sich in Anspruch nehmen. Hierdurch verschieben sich die erzielbaren Durchmessertoleranzen zu höheren Werten. Durch ein Ausfunken mit Maßkontrolle kann immerhin eine Durchmessertoleranz von 7 bis 8 μ eingehalten werden. Das entspricht bei dem vorliegenden Werkstückdurchmesser von 30 mm der ISA-Qualität 5. An dieser Stelle soll nochmals eindringlich darauf hingewiesen werden, daß der Zylindrizitätsfehler hauptsächlich von den unstarren Verhältnissen an Werkstückeinspannung und Schleifspindel beeinflußt wird. Durch eine

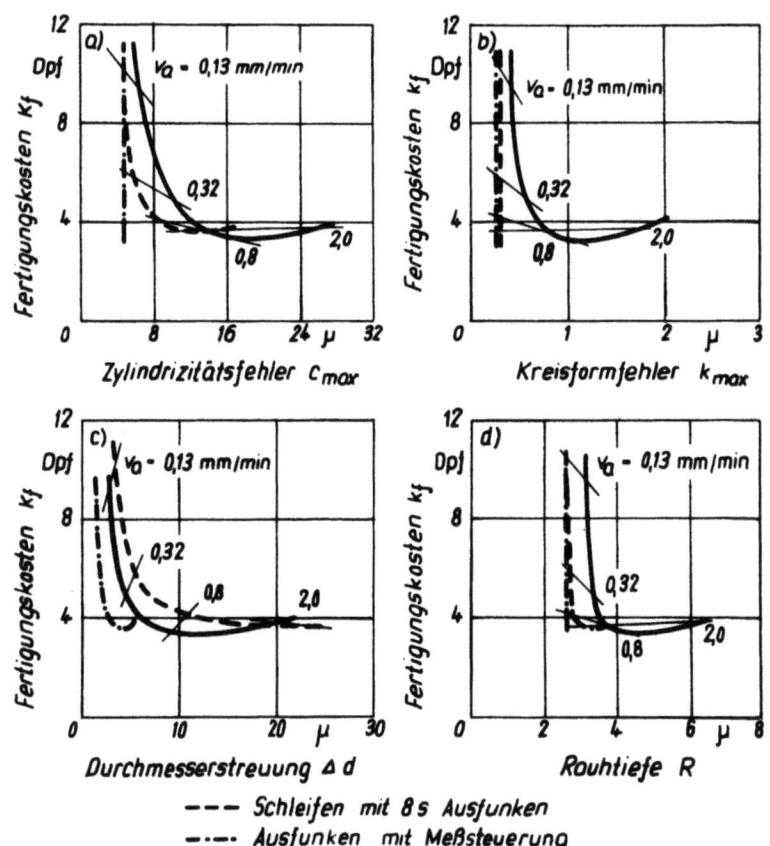

Abbildung 63

Fertigungskosten, Form, Maß und Oberfläche beim Einstechschleifen
Schleifscheibe Ek 60 L

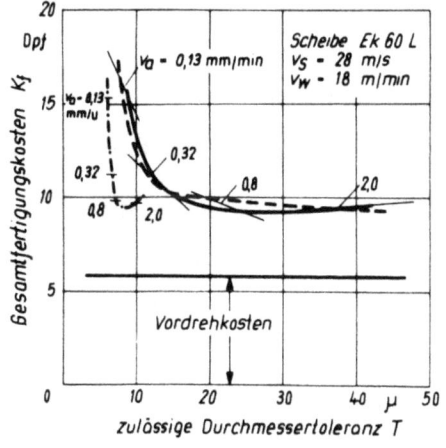

Abbildung 64

Fertigungskosten in Abhängigkeit von der Durchmessertoleranz unter Berücksichtigung der Formfehler und Vordrehkosten

entsprechende Dimensionierung dieser Maschinenteile kann dieser Formfehler noch verringert werden. Einen zweiten, nicht vernachlässigbaren Einfluß hat das Abrichtergebnis der Schleifscheibe auf den Formfehler, wie bereits erwähnt wurde. Formfehler der Schleifscheibe übertragen sich ebenfalls auf das Werkstück.

Aus der strichpunktierten Kurve, die für das Ausfunken mit Maßkontrolle gilt, ist deutlich zu erkennen, daß die Fertigungskosten gegenüber dem Ausfunken ohne Maßkontrolle mit Ausnahme bei den hohen Zustellgeschwindigkeiten beträchtlich niedriger liegen, obwohl die Maßhaltigkeit wesentlich verbessert wird. In diesem Diagramm sind bereits die Vorbearbeitungskosten durch Vordrehen berücksichtigt. Sie machen für die kostengünstigste Zustellgeschwindigkeit von 0,8 mm/min mit 5,8 Dpf fast 60 % der Gesamtfertigungskosten pro Werkstück aus.

4. Vergleich der Verfahren Feindrehen, Längsschleifen und Einstechschleifen

Abschließend sollen die Verfahren Feindrehen, Längsschleifen und Einstechschleifen hinsichtlich der erzielbaren Form-, Maßgenauigkeit und Oberflächengüte sowie der anfallenden Gesamtfertigungskosten verglichen werden. Hierzu werden die Ergebnisse für das Feinschleifen und Längsschleifen aus einem früheren Forschungsbericht zum Vergleich herangezogen [15]. Auf eine Diskussion der Verfahren Feindrehen und Längsschleifen kann in diesem Zusammenhang verzichtet werden, da dies in dem genannten Bericht bereits ausführlich geschenen ist. Die Fertigungskosten sind für die drei zu vergleichenden Feinbearbeitungsverfahren in Abhängigkeit von Form, Maß und Oberflächengüte in den Abbildungen 65, 66 und 67 in Schaubildern dargestellt. Zum besseren Vergleich ist für das Einstechschleifen für alle Diagramme der gleiche Maßstab gewählt worden.

Bei der Betrachtung des Zylindrizitätsfehlers in Abbildung 65 oben, der bei den drei Verfahren erzielt werden kann, ergibt sich für das Feindrehen mit einer Schnittgeschwindigkeit von 315 m/min und einem Vorschub von 0,12 mm/U der geringste Formfehler zu 3 μ. Es ist deshalb bei derartigen Anforderungen an die Formgenauigkeit wirtschaftlich feinzudrehen, vorausgesetzt, daß Rundheit und Maßgenauigkeit sowie Oberflächengüte den geforderten Größen am Werkstück entsprechen und ein Feindrehen überhaupt möglich ist. Bei gehärteten Werkstücken scheidet das Feindrehen bekanntlich aus.

Hinsichtlich der erreichbaren Rundheit des Werkstückes ist die Anwendung des Einstechschleifens am vorteilhaftesten. Selbst bei einer Steigerung der Fertigungskosten wird ein Kreisformfehler von 0,3 μ beim Feindrehen und Längsschleifen nicht erreicht. Demnach bietet sich zur Erzielung einer hohen Rundheitsgenauigkeit bei sehr niedrigen Fertigungskosten von 10 Dpf/Werkstück das Einstechschleifen an.

Bei einem Vergleich der erzielbaren Maßgenauigkeit nach Abbildung 66 ist in jedem Fall das Einstechschleifen wirtschaftlicher als das Feindrehen und Längsschleifen, unabhängig von der geforderten Durchmessertoleranz. Dies gilt insbesondere für das Ausfunken mit Meßsteuerung.

Ein letzter Vergleich der Verfahren hinsichtlich der Rauhtiefe erfolgt nach Abbildung 67. Auch hier erweist sich das Einstechschleifen bis zu einer Rauhtiefe von etwa 3 μ als das kostengünstigere Verfahren. An dieser Stelle wird nochmals darauf hingewiesen, daß die Standzeit der Schleifscheibe auf den Anstieg der Rauhtiefe bezogen wurde. Die Rauhtiefe darf innerhalb der Standzeit auf das 1,25fache des Ausgangswertes ansteigen. Deshalb ist das Einstechschleifen noch bei einer maximalen Rauhtiefe von 3 μ das kostengünstigere Verfahren. In diesen Rauheitsbereich fällt ebenfalls das Feindrehen, dessen Gesamtfertigungskosten aber zu niedrigen Rauhtiefen sehr rasch ansteigen. Rauhtiefen unterhalb von 3 μ können von den drei untersuchten Verfahren nur noch durch das Längsschleifen erzielt werden, wobei die Gesamtfertigungskosten allerdings erheblich ansteigen. Beim Schleifen können selbstverständlich noch bessere Oberflächengüten erreicht werden, dabei steigen aber die Fertigungskosten weiter an, wie bereits in früheren Untersuchungen nachgewiesen werden konnte [22].

Der Vergleich der Verfahren zeigt unverkennbar, daß das Einstechschleifen hinsichtlich der erreichbaren Maßgenauigkeit vor allem bei Anwendung einer Maßkontrolle während des Ausfunkens weitaus das wirtschaftlichere Verfahren ist. Das gleiche gilt für den Rundheitsfehler, der hier sehr gering ist. Der relativ große Zylindrizitätsfehler geht nicht auf Kosten des Verfahrens, da dieser Fehler maschinenbedingt ist. Es wird ohne besondere Schwierigkeiten möglich sein, durch entsprechende Maßnahmen an der Werkstückeinspannung diesen Fehler zu verringern. Lediglich im Hinblick auf die Oberflächenrauheit ist das Verfahren im Nachteil. Ob aus diesem Grund die Anwendung des Längsschleifens mit bedeutend höheren Fertigungskosten gerechtfertigt ist, muß von Fall zu

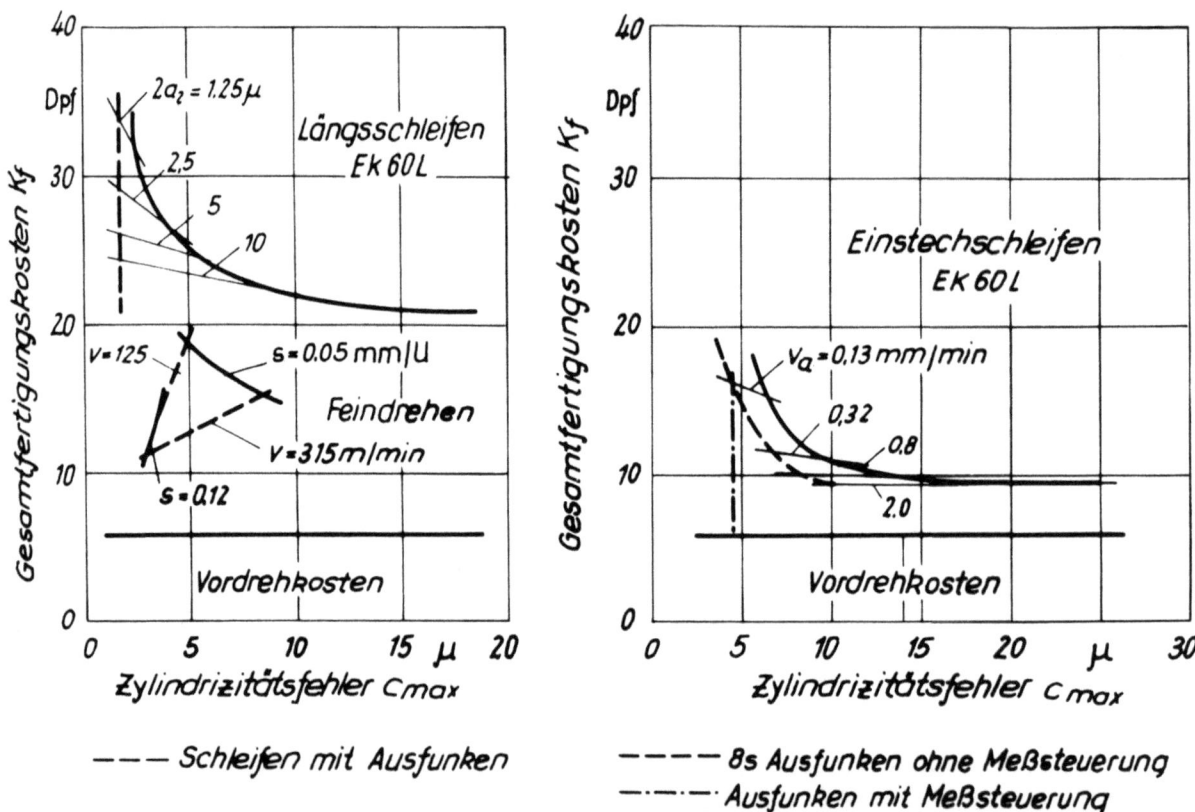

Zylindrizitätsfehler und Gesamtfertigungskosten

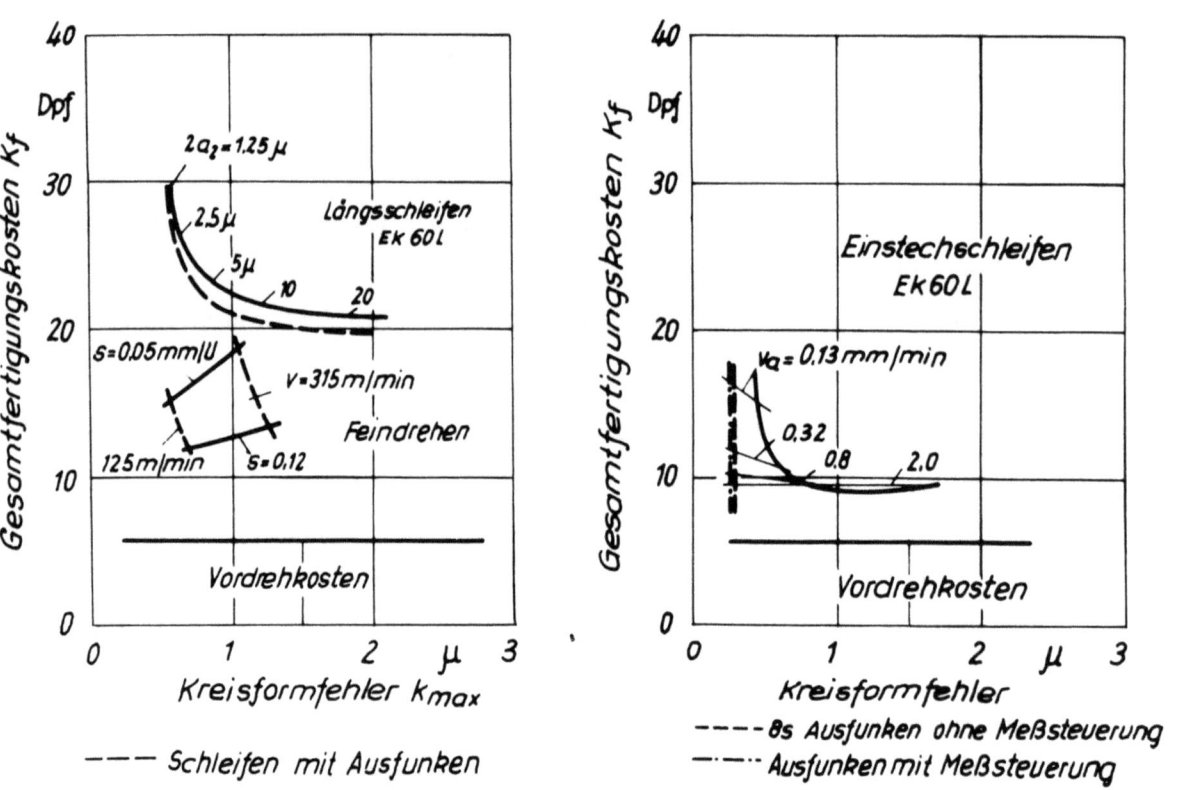

Kreisformfehler und Gesamtfertigungskosten

A b b i l d u n g   65

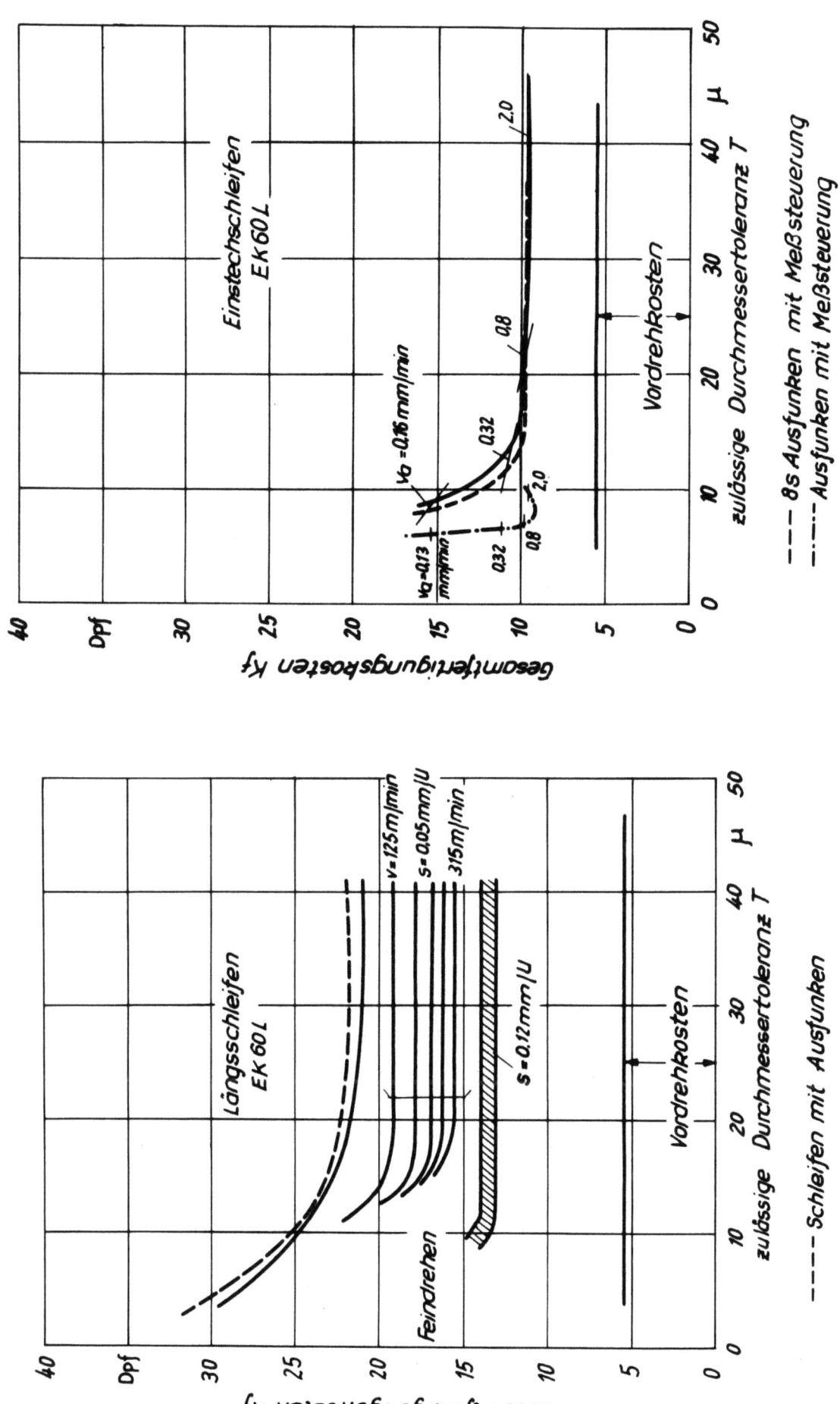

Abbildung 66
Durchmessertoleranz und Fertigungskosten

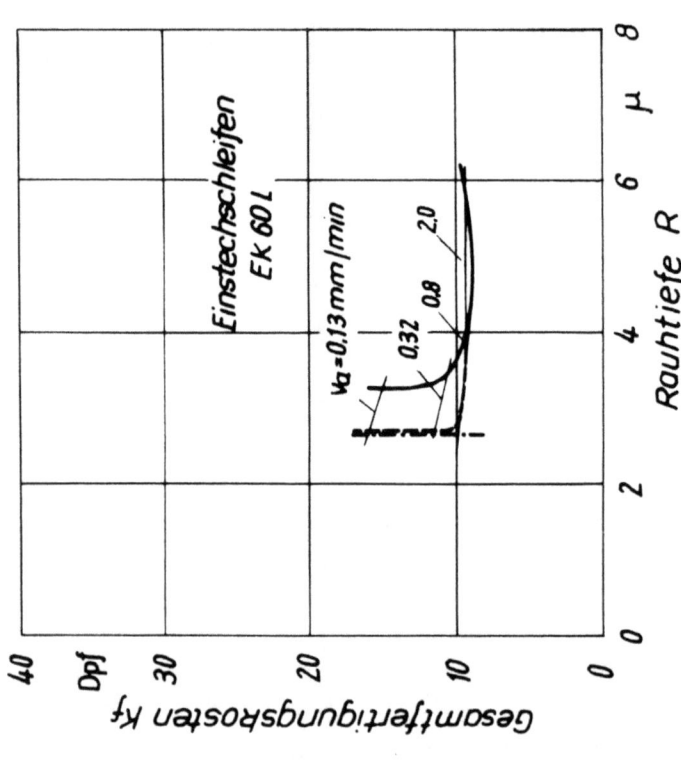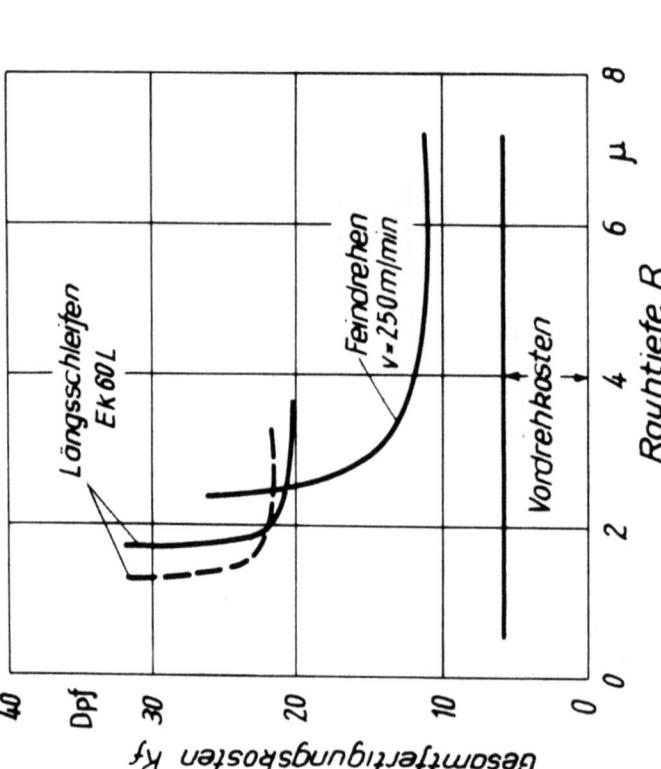

Abbildung 67
Rauhtiefe und Fertigungskosten

Seite 82

Fall entschieden werden. Das Abtragen der Rauheitsspitzen läßt sich vermutlich durch anschließendes Feinhonen wesentlich wirtschaftlicher gestalten, wie in einer früheren Veröffentlichung bereits gezeigt wurde [15].

Abschließend sind für die drei genannten Verfahren die erzielbaren Genauigkeiten bezüglich Form, Maß und Oberfläche sowie der Gesamtfertigungskosten durch ein Säulendiagramm in Abbildung 68 veranschaulicht. Da bis heute leider noch keine bindende Zuordnung dieser Größen zur ISA-Qualität besteht, sind die erreichbaren Werkstückgüten in ihrer anliegenden Größe in µ ausgedrückt. Es erscheint nämlich in Anbetracht der vielen Normungsvorschläge unzweckmäßig, einem derartigen Vergleich einen der zahlreichen Zuordnungsvorschläge zugrunde zu legen und die erzielbaren Genauigkeiten für Form und Rauheit in ISA-Qualitäten auszudrücken. Eine rechte Vorstellung der wirklichen Verhältnisse würde dadurch kaum erreicht werden. In diesem Zusammenhang wurde auch darauf verzichtet, die Maßgenauigkeit in ISA-Qualitäten auszudrücken, um das Gesamtbild der Darstellung nicht zu stören. Sobald eine sinnvolle Zuordnung der untersuchten Größen zum ISA-Toleranzsystem vorliegt, wird es ein leichtes sein, dieses Diagramm in entsprechender Weise umzuformen.

Für das Feindrehen wurde die kostengünstigste Schnittgeschwindigkeit von 250 m/min bei zwei verschiedenen Vorschüben herausgegriffen. Der kleine Vorschub von 0,05 mm/U ergibt zwar eine gute Oberflächengüte, aber die Form- und Maßgenauigkeit ist sehr gering trotz der verhältnismäßig hohen Fertigungskosten von 16,3 Dpf. Dagegen bringt der größere Vorschub von 0,12 mm/U eine bemerkenswerte Verbesserung von Form- und Maßtreue, obwohl die Kosten gesunken sind. Dafür ist die Oberflächenrauheit angestiegen. Das Längsschleifen mit Ausfunken übertrifft die beim Feindrehen erzielte Formgenauigkeit und Oberflächengüte bei gleicher Maßhaltigkeit wie beim Feindrehen mit s = 0,12 mm/U, allerdings sind die Fertigungskosten erheblich angestiegen. Das Längsschleifen ohne Ausfunken bringt wirtschaftlich einen Gewinn, allerdings auf Kosten von Form, Maß und Oberfläche, obwohl die Maßstreuung als solche kleiner geworden ist. Hierbei ist noch darauf hinzuweisen, daß sich die Größe für die Maßgenauigkeit ergibt, wenn man von der Durchmesseränderung den Formfehler subtrahiert.

Die Säulendarstellung für das Einstechschleifen soll vor allem den Vorteil der Maßkontrolle beim Ausfunken verdeutlichen. Bei einer Zustellgeschwindigkeit von 0,8 mm/min und 8 Sekunden Ausfunken ohne Maßkontrolle ergeben sich zwar für Form, Oberfläche und Fertigungskosten die gleichen

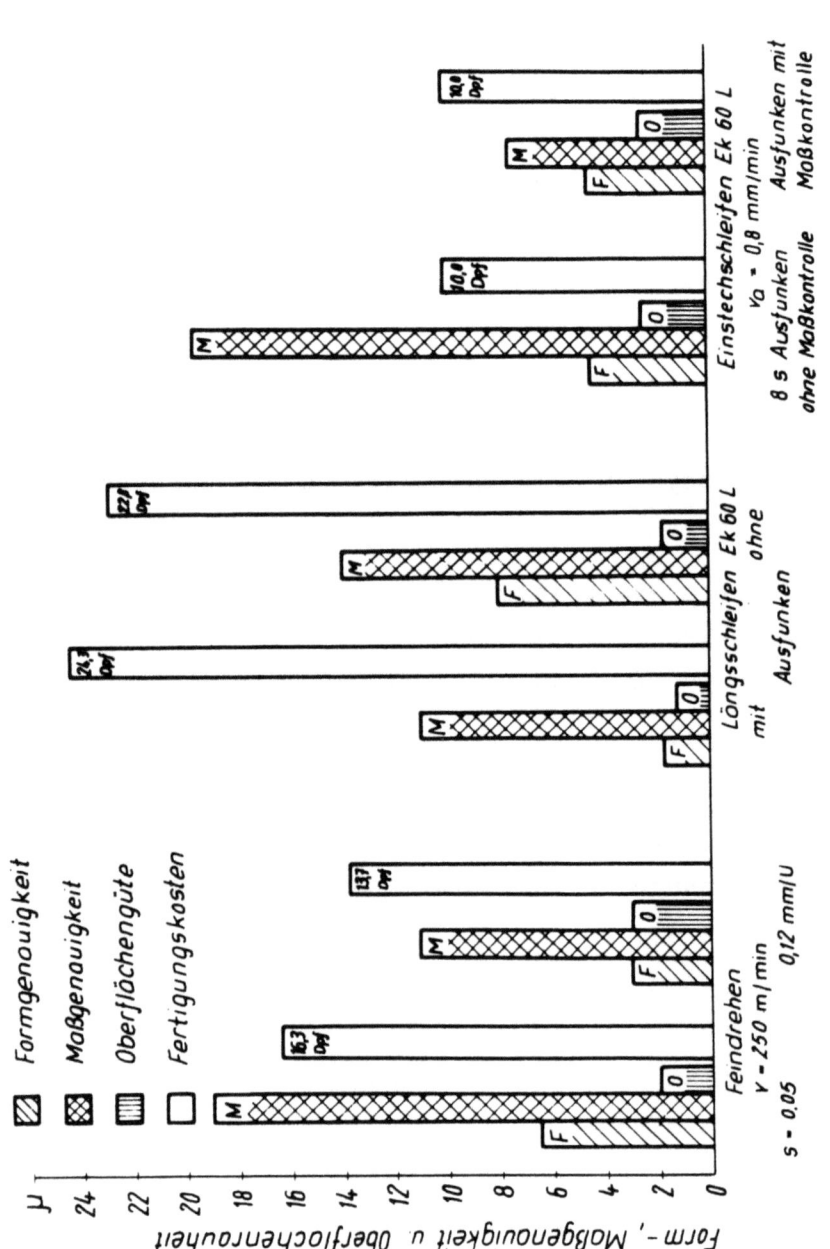

Abbildung 68

Vergleich der Verfahren bezüglich Fertigungskosten, Form, Maß und Oberfläche beim Feindrehen, Längs- und Einstechschleifen

Werte, aber die Maßstreuung beträgt fast 20 µ . Dagegen kann diese durch das Ausfunken mit Maßkontrolle auf etwa 7,5 µ verbessert werden, bei gleichen Fertigungskosten, die nur noch 10 Dpf betragen.

Welches dieser Verfahren zur Bearbeitung eines Werkstücks herangezogen wird, richtet sich also danach, welche Ansprüche hinsichtlich Form, Maß und Oberflächengüte an das Werkstück gestellt werden. Da heute Maß und Formgenauigkeit in der Fertigung immer mehr in den Mittelpunkt des Interesses rücken, stellt die fertigende Industrie an die Feinbearbeitungsverfahren und nicht minder an die verwendeten Maschinen die Anforderung, daß diese beiden Größen am Werkstück eingehalten werden müssen. Die Gründe hierfür wurden in der Einleitung dieses Berichtes angeführt. Deshalb wird es in Zukunft für die Untersuchungen zum Wirtschaftlichkeitsvergleich eine wichtige Hauptaufgabe sein, zu erforschen, welche Form- und Maßfehler bei den Feinbearbeitungsverfahren auftreten und worin ihre Fehlerquellen begründet sind.

5. Zusammenfassung und Weiterführung der Versuche für den Wirtschaftlichkeitsvergleich der Feinbearbeitungsverfahren

Im vorliegenden Bericht wurden für das Innen-Feindrehen und Außenrund-Einstechschleifen die erzielbaren Form- und Maßgenauigkeiten sowie die Oberflächengüte in Abhängigkeit von den Zerspanbedingungen ermittelt und die Ergebnisse an Hand von Schaubildern dargestellt. Für die angewendeten Bearbeitungsbedingungen wurden die Fertigungskosten errechnet und als Funktion der genannten Größen in Kostendiagrammen zusammengestellt. Die Ermittlung der kostengünstigsten Zerspanbedingungen ist nicht allein wertvoll im Hinblick auf den Wirtschaftlichkeitsvergleich, sie weisen außerdem auf die optimalen Bearbeitungsgrößen hin, die bei den besprochenen Verfahren zu einer hohen Werkstückgüte führen. Da es bei der Vielzahl der heute zur Verfügung stehenden Bearbeitungsverfahren keine besondere Schwierigkeit bedeutet, die geforderte Oberflächengüte einzuhalten, wurden diese Untersuchungen auf ein Mindestmaß beschränkt. Im Hinblick auf die größere Bedeutung der Form- und Maßgenauigkeit in der Feinbearbeitung wurden die hierbei auftretenden Änderungen eingehender untersucht. Hierzu waren sehr umfangreiche Versuche erforderlich. Für beide Verfahren konnte ein Einfluß der Zerspanbedingungen auf die Formgenauigkeit nicht nachgewiesen werden. Diese Fehler sind in der Hauptsache maschinenbedingt; sie werden vor allem durch die Verformungen von Spindel und Werkstückaufnahme unter der Wirkung der Schnittkräfte verursacht. Die Durchmesseränderung beim Innen-Feindrehen ist zum größten Teil auf den Schneidenverschleiß zurückzuführen. Ferner ist zu beachten, daß das Werkzeug möglichst starr ausgeführt werden muß, da elastische Verformungen des Drehmeißels infolge der Rückkraft zu einer weiteren Durchmesseränderung führen. Die Maßgenauigkeit beim Einstechschleifen mit Meßsteuerung hängt im wesentlichen davon ab, wie stark eine Verspannung der Maschine durch die hohe Rückkraft erfolgt, wenn beim Ausfunken keine Maßkontrolle vorgenommen wird. Hierbei bringt das Ausfunken für die Maßhaltigkeit keine Vorteile. Dagegen kann bei einer Maßkontrolle während des Ausfunkens eine sehr hohe Maßgenauigkeit erreicht werden, welche die Maßhaltigkeit beim Längsschleifen bei weitem übertrifft.

Ein Vergleich der Fertigungskosten für das Feindrehen, Längsschleifen und Einstechschleifen zeigt, daß hinsichtlich der Maßgenauigkeit das Einstechschleifen am günstigsten ist. Die Größe der auftretenden Zylindrizitätsfehler hängt lediglich von der Steifigkeit der Werkstückaufnahme und der Schleifspindel ab. Bei einer den auftretenden Schnittkräften entsprechenden Dimensionierung der Körnerspitzen dürfte es ohne weiteres möglich sein, den Zylindrizitätsfehler gegen Null gehen zu lassen. Wenn für den vorliegenden Bearbeitungsfall eine bessere Formgenauigkeit nicht erzielt werden konnte, so rechtfertigt diese Erscheinung keinesfalls die Anwendung des Feindrehens oder Längsschleifens, da mit diesen Verfahren die Fertigungskosten wesentlich ansteigen. Durch eine geeignete Ausbildung der durch die Schnittkräfte beeinflußten Maschinenelemente kann die einzuhaltende Durchmessertoleranz bei gleichen Kosten noch erheblich herabgesetzt werden. Aus diesem Grunde ist in jedem Falle von den untersuchten Verfahren das Einstechschleifen als das wirtschaftlichste Verfahren für die vorliegende Werkstückform zu bevorzugen. Es ist von den beiden untersuchten Schleifmethoden für die Praxis zweifellos das bedeutendere Verfahren.

Die bei diesen Untersuchungen gefundenen optimalen Bearbeitungsbedingungen sowie Kostenkurven gelten exakt lediglich für das jeweils vorliegende Normwerkstück. Dennoch werden diese Werte bei ähnlichen Bearbeitungsfällen für die Wahl geeigneter Zerspanbedingungen eine wertvolle Hilfe und ein Hinweis sein, mit welchen Verfahren und Bedingungen eine wirtschaftliche Feinbearbeitung möglich ist.

Das Innen-Feindrehen konnte bisher noch nicht in den Verfahrensvergleich einbezogen werden, da die Untersuchungen beim Innenschleifen bezüglich der optimalen Zerspanbedingungen noch nicht abgeschlossen sind. Hierbei bereitet die Erforschung der Fehlerquellen, die zu recht hohen Maß- und Formfehlern führen, noch erhebliche Schwierigkeiten. Die Bohrungs-Normwerkstücke sollen zunächst außer durch Innenschleifen auch durch Feinbohren bearbeitet werden.

Prof. Dr.-Ing. Herwart OPITZ
Dipl.-Ing. Paul-Heinz BRAMMERTZ

Literaturverzeichnis

[1] BICKEL, E. Das Kriterium der Schneidenabnutzung beim Feinzerspanen.
Microtecnic Nr. 5 (1954) S. 279 bis 280

[2] BRAMMERTZ, P.H. Feindrehen von Reintitan.
Werkzeugmaschine und Fertigungstechnik (Sonderteil des Industrie-Anzeigers) Nr. 89 vom 7.11.58

[3] BURMESTER, H.J. Hartmetallwerkzeuge für die Feinbearbeitung.
DEVA-Fackelverlag 1954

[4] DJATSCHENKO, P. Die Beschaffenheit der Oberfläche bei der Zerspanung von Metallen.
Verlag Technik, Berlin 1952

[5] HONRATH, K. Werkzeugmaschinenspindeln und deren Lagerungen.
Werkzeugmaschine und Fertigungstechnik (Sonderteil des Industrie-Anzeigers) Nr. 80 vom 4.10.1957

[6] HONRATH, K. Messung von Kräften in Wälzlagern.
Werkzeugmaschine und Fertigungstechnik (Sonderteil des Industrie-Anzeigers) Nr. 10 vom 3.2.1959

[7] KIENZLE, O. Formtoleranzen.
Werkstatttechnik und Maschinenbau $\underline{45}$ (1955), S. 605 bis 608

[8] KREKELER, K. Die Zerspanbarkeit der metallischen und nichtmetallischen Werkstoffe.
Springer-Verlag, Berlin 1951

[9] LEINWEBER, P. Taschenbuch der Längenmeßtechnik.
Springer-Verlag, Berlin 1954

[10] MOLL, H. Die Herstellung hochwertiger Drehflächen.
Dissertation T.H. Aachen 1939

[11] MOLL, H.   Begriffe der Feinbearbeitung und
                               Grundlagen für den Vergleich der Ver-
                               fahren.
                               Werkstattstechnik und Maschinenbau 43
                               (1953), S. 90 bis 92

[12] OPITZ, H.   Grundlagen und Möglichkeiten für die
                               Wirtschaftlichkeitsbetrachtung der
                               Feinbearbeitungsverfahren, dargestellt
                               am Beispiel des Feindrehens.
                               De Ingenieur 68 (1956), Heft 1

[13] OPITZ, H. und   Wirtschaftliche Zerspanbedingungen
     E. SALJE   beim Schleifen.
                               Werkstattstechnik und Maschinenbau 44
                               (1954), S. 483 bis 489

[14] OPITZ, H.,   Richtwerte für das Außenrund-Längs-
     SALJE, E. und   und Einstechschleifen.
     K.E. SCHWARTZ   Forschungsberichte des Wirtschafts-
                               und Verkehrsministeriums Nordrhein-
                               Westfalen Nr. 324
                               Westdeutscher Verlag, Köln und Opla-
                               den 1956

[15] OPITZ, H. und   Untersuchungen für einen Wirtschaft-
     H. SCHULER   lichkeitsvergleich der Feinbearbei-
                               tungsverfahren.
                               Forschungsberichte des Wirtschafts-
                               und Verkehrsministeriums Nordrhein-
                               Westfalen Nr. 405
                               Westdeutscher Verlag, Köln und Opla-
                               den 1958

     OPITZ, H.,   Die Werkstückgüte beim Feindrehen und
     SCHULER, H. und   ihr Einfluß auf die Fertigungskosten.
     P.H. BRAMMERTZ   Forschungsberichte des Wirtschafts-
                               und Verkehrsministeriums Nordrhein-
                               Westfalen Nr. 638
                               Westdeutscher Verlag, Köln und Opla-
                               den 1958

[16] PEKELHARING, J.A. und R.A. SCHUERMANN
Der Verschleiß an der Nebenschneide von Hartmetalldrehmeißeln und die erzeugte Oberflächenrauheit.
Werkstattstechnik und Maschinenbau 45 (1955) S. 49

[17] PEKLENIK, J.
Untersuchungen an Meßsteuerungen für Werkzeugmaschinen.
Werkzeugmaschine und Fertigungstechnik (Sonderteil des Industrie-Anzeigers) Nr. 89 vom 7.11.1958

[18] PERTHEN, J.
Prüfen und Messen der Oberflächengestalt.
Carl Hanser Verlag, München 1949

[19] SALJÉ, E.
Formfehler beim Schleifen.
Klepzig Fachberichte 65 (1957) S. 21 bis 24

[20] SCHMALTZ, G.
Technische Oberflächenkunde.
Springer-Verlag, Berlin 1936

[21] SCHMIDT, A.O.
Temperaturmessung an Werkstück, Werkzeug und Span.
Werkstattstechnik und Maschinenbau 43 (1953) S. 345 bis 350

[22] SCHULER, H. und P.H. BRAMMERTZ
Die Werkstückgüte beim Feindrehen und Feinschleifen und ihr Einfluß auf die Fertigungskosten. Werkzeugmaschine und Fertigungstechnik.(Sonderteil des Industrie-Anzeigers) Nr. 97 vom 5.12. 1958 S. 27 bis 36

[23] SCHULER, H.
Formabweichungen und ihre Messung.
Werkzeugmaschine und Fertigungstechnik (Sonderteil des Industrie-Anzeigers) Nr. 19 vom 7.3.1958

[24] SCHULER, H.
Untersuchungen für einen Leistungsvergleich verschiedener Feinbearbeitungsverfahren.
Dissertation, T.H. Aachen 1957

[25] SHAW, M.C. und S.O. DIRKE — Der Verschleiß von Schneidwerkzeugen. Microtecnic Bd. X (1956) Nr. 4

[26] SOKOLOWSKI, A.P. — Präzision in der Metallbearbeitung. VEB-Verlag Technik, Berlin 1955

[27] VOOS, K. — Feinstbearbeitung, Feinstdrehen und Feinstbohren. Herausgegeben vom AWF beim RKW Teubner-Verlag, Leipzig und Berlin 1939

[28] WITTHOFF, J. — Die Ermittlung der günstigsten Arbeitsbedingungen bei der spanabhebenden Formgebung. Werkstatt und Betrieb 85 (1952) S. 521 bis 526

[29] WITTHOFF, J. — Die Hartmetallwerkzeuge in der spanabhebenden Formung. Carl Hanser Verlag, München 1952

[30] WITTHOFF, J. — Die Gestaltung des Schneidkeils am spanabhebenden Werkzeug. Industrie-Anzeiger Nr. 53 vom 5.7.1955

[31] WITTHOFF, J. — Der kalkulatorische Verfahrensvergleich. REFA-Buch, Band 5 Carl Hanser Verlag, München 1956

[32] ZOLLIHOFER, O. — Qualität und Kosten. Industrielle Organisation 20 (1951) S. 2

FORSCHUNGSBERICHTE
DES LANDES NORDRHEIN-WESTFALEN

Herausgegeben durch das Kultusministerium

MASCHINENBAU

HEFT 45
Losenhausenwerk Düsseldorfer Maschinenbau AG., Düsseldorf
Untersuchungen von störenden Einflüssen auf die Lastgrenzenanzeige von Dauerschwingprüfmaschinen
1953, 36 Seiten, 11 Abb., 3 Tabellen, DM 7,25

HEFT 136
Dipl.-Phys. P. Pilz, Remscheid
Über spezielle Probleme der Zerkleinerungstechnik von Weichstoffen
1955, 58 Seiten, 19 Abb., 2 Tabellen, DM 11,50

HEFT 147
Dr.-Ing. W. Rudisch, Unna
Untersuchung einer drehelastischen Elektromagnet-Synchronkupplung
1955, 82 Seiten, 65 Abb., DM 17,70

HEFT 183
Dr. W. Bornheim, Köln
Entwicklungsarbeiten an Flaschen- und Ampullen-Behandlungsmaschinen für die pharmazeutische Industrie
1956, 48 Seiten, 24 Abb., DM 11,70

HEFT 212
Dipl.-Ing. H. Spodig, Selm
Untersuchung zur Anwendung der Dauermagnete in der Technik *1955, 44 Seiten, 25 Abb., DM 9,80*

HEFT 295
Prof. Dr.-Ing. H. Opitz und Dipl.-Ing. H. Axer, Aachen
Untersuchung und Weiterentwicklung neuartiger elektrischer Bearbeitungsverfahren
1956, 42 Seiten, 27 Abb., DM 10,30

HEFT 298
Prof. Dr.-Ing. E. Oehler, Aachen
Untersuchung von kritischen Drehzahlen, die durch Kreiselmomente verursacht werden
1956, 50 Seiten, 35 Abb., DM 13,15

HEFT 384
Prof. Dr.-Ing. H. Opitz, Aachen
Schwingungsuntersuchungen an Werkzeugmaschinen
1958, 66 Seiten, 73 Abb., DM 20,40

HEFT 412
Prof. Dr.-Ing. H. Opitz, Aachen
Kennwerte und Leistungsbedarf für Werkzeugmaschinengetriebe
1958, 72 Seiten, 35 Abb., DM 17,20

HEFT 506
Prof. Dr.-Ing. W. Meyer zur Capellen, Aachen
Der Flächeninhalt von Koppelkurven. Ein Beitrag zu ihrem Formenwandel
1958, 74 Seiten, 26 Abb., DM 21,50

HEFT 533
Prof. Dr.-Ing. H. Opitz und Dipl.-Ing. W. Hölken, Aachen
Untersuchung von Ratterschwingungen an Drehbänken
1958, 70 Seiten, 44 Abb., 2 Tabellen, DM 19,70

HEFT 606
Oberbaurat Prof. Dr.-Ing. W. Meyer zur Capellen, Aachen
Eine Getriebegruppe mit stationärem Geschwindigkeitsverlauf
in Vorbereitung

HEFT 631
Dr. E. Wedekind, Krefeld
Der Einfluß der Automatisierung auf die Struktur der Maschinen und Arbeiterzeiten am mehrstelligen Arbeitsplatz in der Textilindustrie
1958, 86 Seiten, 34 Abb., DM 21,10

HEFT 667
Prof. Dr.-Ing. H. Opitz, Dipl.-Ing. H. de Jong, Aachen
Schwingungs- und Geräuschuntersuchung an ortsfesten Getrieben
in Vorbereitung

HEFT 668
Prof. Dr.-Ing. H. Opitz, Dipl.-Ing. G. Ostermann, Dipl.-Ing. M. Gappisch, Aachen
Beobachtungen über den Verschleiß an Hartmetallwerkzeugen

HEFT 669
Prof. Dr.-Ing. H. Opitz, Dipl.-Ing. H. Uhrmeister, Dipl.-Ing. K. Jüstel, Aachen
Aufbau und Wirkungsweise einer Magnetbandsteuerung

HEFT 670
Prof. Dr.-Ing. H. Opitz, Dipl.-Ing. W. Backe, Aachen
Untersuchung von Kopiersteuerungen
in Vorbereitung

HEFT 671
Prof. Dr.-Ing. H. Opitz, Dr.-Ing. R. Piekenbrink, Dipl.-Ing. J. Bielefeld, Dipl.-Ing. K. Honrath, Aachen
Untersuchungen an Werkzeugmaschinenelementen
in Vorbereitung

HEFT 672
Prof. Dr.-Ing. H. Opitz, Dipl.-Ing. H. Heiermann, Dipl.-Ing. B. Rupprecht, Aachen
Untersuchungen beim Innenrundschleifen
in Vorbereitung

HEFT 673
Prof. Dr.-Ing. H. Opitz, Dipl.-Ing. H. Obrig, Dipl.-Ing. K. Ganser, Aachen
Die Bearbeitung von Werkzeugstoffen durch funkenerosives Senken

---

Ein Gesamtverzeichnis der Forschungsberichte, die folgende Gebiete umfassen, kann bei Bedarf vom Verlag angefordert werden:
Acetylen / Schweißtechnik − Arbeitspsychologie und -wissenschaft − Bau / Steine / Erden − Bergbau − Biologie − Chemie − Eisenverarbeitende Industrie − Elektrotechnik / Optik − Fahrzeugbau / Gasmotoren − Farbe / Papier / Photographie − Fertigung − Gaswirtschaft − Hüttenwesen / Werkstoffkunde − Luftfahrt / Flugwissenschaften − Maschinenbau − Medizin / Pharmakologie / Physiologie − NE-Metalle − Physik − Schall / Ultraschall − Schiffahrt − Textiltechnik / Faserforschung / Wäschereiforschung − Turbinen − Verkehr − Wirtschaftswissenschaften.

If you have any concerns about our products,
you can contact us on
ProductSafety@springernature.com

In case Publisher is established outside the EU,
the EU authorized representative is:
**Springer Nature Customer Service Center GmbH
Europaplatz 3, 69115 Heidelberg, Germany**

Printed by Libri Plureos GmbH
in Hamburg, Germany